TRAITÉ ÉLÉMENTAIRE

SUR LES

PROBABILITÉS;

PAR

M. GAUTHIER D'HAUTESERVE.

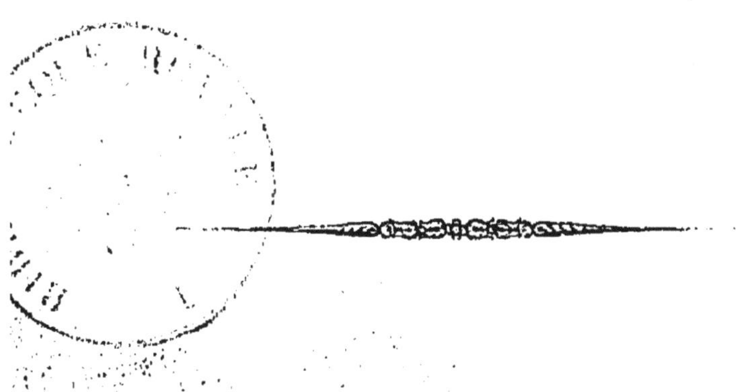

PARIS,

BACHELIER, IMPRIMEUR-LIBRAIRE

DE L'ÉCOLE POLYTECHNIQUE ET DU BUREAU DES LONGITUDES,

QUAI DES AUGUSTINS, N° 55.

1834

IMPRIMERIE DE BACHELIER,
rue du Jardinet, n° 12.

PRÉFACE.

L'esprit du jeu est le talent d'envisager d'un seul coup d'œil toutes les combinaisons du hasard d'où résulte le gain ou la perte. Mais ces simples aperçus peuvent souvent égarer, et donnent difficilement une mesure exacte de la probabilité.

Pascal et Fermat sont les premiers qui aient appliqué le calcul à la détermination de la probabilité; on trouvera dans l'*Histoire des Mathématiques* de Montucla (tome III, p. 380, §§ 38, 39, 40 et 41) l'analyse des ouvrages que les géomètres des deux derniers siècles ont publiés sur cette matière.

Ce *Traité* est mis à la portée des personnes qui ont les premières notions de l'Algèbre; et malgré qu'il renferme les problèmes les plus difficiles sur les probabilités, elles suffisent à leur solution.

La première partie est consacrée à donner quelques notions préliminaires, et une méthode pour avoir, dans un nombre de termes borné, la représentation d'une puissance élevée d'un polynome.

La seconde partie contient la solution de plusieurs problèmes.

La troisième partie traite des annuités, de l'amortissement, des concessions temporaires de canaux, de l'évaluation du revenu des bois, de la détermination de leur valeur en fonds et superficie, de la base sur laquelle ils devraient être imposés, de la dotation des caisses des retraites, et des rentes viagères.

Dans la quatrième partie, on donne pour exemple l'application du calcul des probabilités au jeu du wisk.

ERRATA.

Page 21, ligne 13, 2^3, *lisez* 2

26, 27, a, *lisez* le

29, 16, ceux, *lisez* que ceux

41, 11, $\frac{3}{4}$, *lisez* $\frac{1}{4}$

42. 16, A, *lisez* B

52, 9, 2787, *lisez* 2187

53, 23, sera hk, *lisez* sera hk, divisé par $(g+h)^n$

53, 24, or (prob. 2 1re p. ce terme a, *lisez* ainsi cette probabilité a

54, 3, $(gh+13$, *lisez* $gh+1$

54, 6,
8,
11,
23,
dre,
55, 16, } Supprimez le facteur $(g+g)^n$
19,
23,
56, 18,
21,
24,

57, 27, Ces valeurs sont, *lisez* en divisant chacune de ces valeurs par 5^{50}, la probabilité de l'un de ces trois résultats sera la somme des trois quantités suivantes.

TRAITÉ
SUR LES PROBABILITÉS.

PREMIÈRE PARTIE.

Notions préliminaires.— Définitions.

Lorsque dans une réunion de plusieurs lettres on ne considère que leur nombre, on est convenu d'appeler cette réunion une *combinaison*.

Lorsqu'on y considère leur nombre et le rang qu'elles occupent, on est convenu d'appeler cette réunion une *permutation*.

On appelle *exposant* de la combinaison ou de la permutation, le nombre des lettres dont se compose la combinaison ou la permutation.

LEMME 1er.

On usera du procédé suivant pour trouver les combinaisons de tout exposant dont plusieurs lettres toutes différentes a, b, c, etc., sont susceptibles.

Sur une 1re ligne on écrira la lettre a.

Sur une 2e ligne on écrira au-dessous de la lettre a la lettre b, et sur la même ligne la lettre b jointe à la lettre a de la ligne supérieure, ce qui donnera la combinaison ab.

Sur une 3e ligne on écrira, au-dessous de la lettre b, la lettre c, et sur la même ligne sa lettre initiale c jointe à la lettre a et à la lettre b des deux lignes supérieures et à la combinaison ab de la ligne supérieure; ce qui donnera les deux combinaisons ac et bc et la combinaison abc.

1

Écrivant sur des lignes différentes chacune des lettres, d'abord seule, et à leur suite la lettre initiale de chaque ligne jointe à toutes les combinaisons de tout exposant dans les lignes supérieures, on aura un tableau complet de toutes les combinaisons de tout exposant, dont les lettres données sont susceptibles.

Tableau des Combinaisons.

Nº 1ᵉʳ.

a

b, ab

c, ac, bc, abc

$d, ad, bd, cd, abd, acd, bcd, abcd.$

$e, ae, be, ce, de, abe, ace, bce, ade, bde, cde, abce, \ldots$

$abde, acde, bcde, abcde.$

COROLLAIRE 1ᵉʳ.

Par la construction de ce tableau, les combinaisons de deux lettres se formant, dans une ligne, de sa lettre initiale jointe aux combinaisons qui dans les lignes supérieures ont l'unité pour exposant, les combinaisons de l'exposant 2 dans une ligne sont en nombre égal aux combinaisons de l'exposant 1 dans toutes les lignes supérieures. De même par construction, les combinaisons de l'exposant 3 dans une ligne sont en nombre égal aux combinaisons de l'exposant 2 dans les lignes supérieures ; et généralement dans une ligne k les combinaisons de l'exposant n sont en nombre égal aux combinaisons de l'exposant $(n-1)$ dans les lignes supérieures à la ligne k.

COROLLAIRE 2.

Par construction une ligne ne peut offrir que les combinaisons dans lesquelles entre sa lettre initiale ;

ainsi dans une ligne les combinaisons de l'exposant n ne sont qu'une partie de celles dont est susceptible le nombre de lettres données. Par le lemme 1er et le corollaire précédent, le nombre de combinaisons de l'exposant n dont un nombre k de lettres serait susceptible, est le nombre des combinaisons de l'exposant $(n+1)$ dans la ligne $(k+1)$.

LEMME 2.

On prendra successivement dans chaque ligne du tableau le nombre de combinaisons du même exposant qu'elle renferme. Pour chaque ligne du tableau on écrira ces nombres sur une ligne différente ; on en composera un autre tableau où les nombres qui se rapportent à des combinaisons du même exposant se trouveront placés les uns au-dessous des autres dans une colonne verticale. En tête de chaque colonne on mettra le chiffre indicateur de l'exposant de la combinaison à laquelle cette colonne est consacrée. Lorsque dans une ligne du tableau n° 1er il ne se présentera point de combinaisons de l'exposant de la colonne, on mettra un zéro à la place.

Tableau des Combinaisons.

N° 2.

	I	II	III	IV	V	VI
1	1	0	0	0	0	0
2	1	1	0	0	0	0
3	1	2	1	0	0	0
4	1	3	3	1	0	0
5	1	4	6	4	1	0
6	1	5	10	10	5	1

COROLLAIRE 3.

Prenons dans les tableaux n°s 1 et 2 un même nombre de lignes, k.

Par construction dans le tableau n° 2, les termes de la colonne n sont les nombres de combinaisons de l'exposant n dans les lignes du tableau n° 1er.

Or, par le corollaire 1er dans le tableau du n° 1er, le nombre des combinaisons de l'exposant n dans la ligne k, est la somme des combinaisons de l'exposant $(n-1)$ dans les lignes supérieures.

Donc, dans le tableau n° 2, le terme k de la colonne (n) est la somme des termes supérieurs dans la colonne $(n-1)$.

COROLLAIRE 4.

De la construction du tableau n° 2 et du corollaire 2, on tirera également la conséquence, que le nombre des combinaisons de l'exposant n, dont un nombre de lettres k serait susceptible, a pour expression le terme $(k+1)$ de la colonne $(n+1)$ dans le tableau n° 2.

PROBLÈME Ier.

Dans un nombre k *de lettres toutes différentes, déterminer le nombre de permutations de l'exposant* n.

1°. Le nombre de permutations de l'exposant 1 sera évidemment le nombre de lettres k.

2°. Dans les permutations de l'exposant 2 la 1re place étant occupée par l'une des lettres qui sont au nombre de k, la seconde place serait occupée par l'une des lettres restantes qui sont au nombre de $(k-1)$. Ainsi le nombre des permutations de l'exposant 2 a pour expression $k \times (k-1)$.

3°. Dans les permutations de l'exposant 3 les deux 1res places étant occupées par une des permutations de l'exposant 2, lesquelles sont au nombre de $k \times (k-1)$, la 3° place serait occupée par une des lettres restantes, qui sont au nombre de $(k-2)$. Ainsi le nombre de permutations de l'exposant 3 a pour expression

$$k \times (k-1) \times (k-2).$$

Généralement le nombre des permutations de l'exposant n aura pour expression

$$k \times (k-1) \times (k-2) \times (k-3) \ldots \ldots \times k-(n-1).$$

PROBLÈME II.

Dans le même nombre k *de lettres toutes différentes, déterminer le nombre des combinaisons de l'exposant* n.

Deux lettres donnant deux permutations et une seule combinaison, le nombre de combinaisons de l'exposant 2 ne sera que moitié du nombre des permutations et aura pour expression

$$\frac{k}{1} \times \frac{k-1}{2}.$$

Trois lettres donnant six permutations et une seule combinaison, le nombre de combinaisons de l'exposant 3, ne sera que le sixième du nombre des permutations, et aura pour expression

$$\frac{k}{1} \times \frac{k-1}{2} \times \frac{k-2}{3}.$$

Généralement le nombre des combinaisons de l'exposant n a pour expression

$$\frac{k}{1} \times \frac{k-1}{2} \times \frac{k-2}{3} \times \frac{k-3}{4} \times \ldots\ldots \; k - \frac{(n-1)}{n}.$$

COROLLAIRE 5.

Dans le tableau n° 2 le terme $(k+1)$ de la colonne $(n+1)$ étant (cor. 4), le nombre des combinaisons de l'exposant n dans un nombre de lettres k, ce terme (prob. 2) aura pour expression

$$\frac{k}{1} \times \frac{k-1}{2} \times \frac{k-2}{3} \times \ldots\ldots \frac{k-(n-1)}{n}.$$

COROLLAIRE 6.

Si dans cette expression on fait successivement $n=1$, $=2,=3\ldots=k$, la ligne $(k+1)$ du tableau n° 2 se composerait des valeurs trouvées par ces substitutions, et les faisant précéder de l'unité, elle présenterait cette suite de termes

$$(1).\left(\frac{k}{1}\right).\left(\frac{k}{1}\times\frac{k-1}{2}\right).\left(\frac{k}{1}\times\frac{k-1}{2}\times\frac{k-2}{3}\right)\ldots$$
$$\left(\frac{k}{1}\times\frac{k-1}{2}\ldots\frac{k-(k-1)}{k}\right).$$

Définition.

On distingue une seconde espèce de combinaisons et de permutations. Ce sont celles où une même lettre peut se présenter plusieurs fois. Ce nombre de fois peut être égal à l'exposant de la combinaison ou de la permutation.

LEMME 3.

On usera du procédé suivant pour trouver les combinaisons de cette seconde espèce.

1°. On écrira chaque lettre l'une au-dessous de l'autre sur des lignes différentes.

2°. On réunira la lettre initiale de chaque ligne à elle-même et à la lettre initiale des lignes supérieures. On obtiendra de cette manière les combinaisons de seconde espèce de l'exposant 2.

3°. On réunira la lettre initiale de chaque ligne aux combinaisons de l'exposant 2 dans cette ligne et dans les lignes supérieures. On obtiendra de cette manière les combinaisons de seconde espèce de l'exposant 3.

En continuant ainsi on aura le tableau suivant.

Tableau des Combinaisons de seconde espèce.

N° 3.

$a, aa, aaa, aaaa,$
$b, ab, bb, aab, abb, bbb, aaab, abbb, abbb, bbbb.$
$c, ac, bc, c^2, a^2c, abc, b^2c, ac^2, bc^2, c^3, a^3c, a^2bc, b^3c, \ldots$
$a^2c^2, abc^2, b^2c^2, ab^2c, ac^3, bc^3, c^4.$

COROLLAIRE 7.

Le principe de construction dans ce tableau diffère en un point du principe de construction du tableau n° 1er. Ici, dans une ligne k, les combinaisons de l'exposant n sont en nombre égal aux combinaisons de l'exposant $(n-1)$, non-seulement dans les lignes supérieures à la ligne k, comme dans les combinaisons de 1re espèce, mais de plus aux combinaisons du même exposant dans la ligne k elle-même.

COROLLAIRE 8.

Par construction une ligne ne peut offrir que les combinaisons dans lesquelles entre sa lettre initiale.

(8)

Ainsi, dans une ligne, les combinaisons de l'exposant n ne sont qu'une partie des combinaisons de seconde espèce dont est susceptible le nombre de lettres donné. Par le lemme 3 et le corollaire 7, le nombre de combinaisons de seconde espèce de l'exposant n dont un nombre k de lettres serait susceptible, est le nombre des combinaisons de l'exposant $(n+1)$ dans cette même ligne k.

LEMME 4.

On prendra dans chaque ligne du tableau n° 3 le nombre des combinaisons de chaque exposant que l'on écrira sur la même ligne, et l'on en composera le tableau suivant.

Tableau des Combinaisons de seconde espèce.

N° 4.

	I	II	III	IV	V	VI
1	1	1	1	1	1	1
2	1	2	3	4	5	6
3	1	3	6	10	15	21
4	1	4	10	20	35	56
5	1	5	15	35	70	126
6	1	6	21	56	126	252

En ajoutant dans ce tableau un zéro en tête de la seconde colonne, deux zéros en tête de la 3ᵉ, trois zéros en tête de la 4ᵉ, et généralement un nombre $(n-1)$ de zéros en tête de la colonne n, le tableau n° 4 se trouvera transformé dans le tableau n° 2.

COROLLAIRE 9.

Ainsi le terme k de la colonne n dans le tableau n° 4 est le terme $k + n - 1$ de la colonne n dans le tableau n° 2.

COROLLAIRE 10.

Prenons dans les tableaux n° 3 et n° 4 un même nombre de lignes k.

Par construction dans le tableau n° 4, les termes de la colonne n sont les nombres de combinaisons de l'exposant n dans les lignes du tableau n° 3.

Or, par le corollaire 7 dans le tableau n° 3, le nombre des combinaisons de l'exposant n dans la ligne k est la somme des combinaisons de l'exposant $(n-1)$ dans cette ligne k et les lignes supérieures.

Donc dans le tableau n° 4 le terme k de la colonne n est la somme du terme k et des termes supérieurs dans la colonne $(n-1)$.

COROLLAIRE 11.

De la construction du tableau n° 4 et du corollaire 8, on tirera la conséquence que le nombre des combinaisons de seconde espèce de l'exposant n, dont un nombre de lettres k serait susceptible, a pour expression le terme k de la colonne $(n+1)$ dans le tableau n° 4.

COROLLAIRE 12.

Par le corollaire précédent, le nombre des lettres étant k, l'exposant étant n, le nombre des combinaisons de seconde espèce a pour expression le terme k de la colonne $(n+1)$ dans le tableau n° 4.

Par le corollaire 9, dans le tableau n° 4 le terme k de

la colonne $(n + 1)$ sera le terme $(k + n)$ de la colonne $n + 1$ dans le tableau n° 2.

Or, par le corollaire 5, dans le tableau n° 2 le terme $(k + 1)$ de la colonne $(n + 1)$ a pour expression

$$\frac{k}{1} \times \frac{k - 1}{2} \times \frac{k - 2}{3} \ldots \frac{k - (n - 1)}{n} \, ;$$

et si dans cette expression, à $(k + 1)$, nous substituons $(k + n)$, le terme $(k + n)$ de la colonne $(n + 1)$ dans le tableau n° 2 aura pour expression

$$\frac{k + n - 1}{1} \times \frac{k + n - 2}{2} \times \frac{k + n - 3}{3} \ldots \frac{k + n - n}{n} \, ,$$

ou changeant dans cette expression l'ordre des termes du numérateur,

$$\frac{k}{1} \times \frac{k + 1}{2} \times \frac{k + 2}{3} \ldots \frac{k + n - 1}{n} .$$

Cette expression du terme $(k + n)$ de la colonne $(n + 1)$ dans le tableau n° 2, est donc l'expression du terme k de la colonne $(n + 1)$ dans le tableau n° 4, est donc (cor. 11) l'expression du nombre des combinaisons de seconde espèce de l'exposant n dont le nombre de lettres k est susceptible.

PROBLÈME III.

Déterminer le nombre des permutations dans une combinaison de seconde espèce composée d'un nombre de lettres k.

Prenons pour exemple la combinaison *aaabcde*. En laissant les quatre lettres b, c, d, e, aux dernières places et dans le même ordre, si les trois premières étaient des lettres différentes, on pourrait les permuter de six manières, et obtenir six permutations où les lettres $b,c,d,e,$ occuperaient dans le même ordre les dernières places. Or ces six permutations se réduisent à une. Il en serait de même pour toutes les permutations où les lettres $b,c,d,e,$ seraient disposées dans un autre ordre et occuperaient d'autres places. Donc dans cet exemple le nombre des permutations sera six fois plus petit que dans une combinaison où toutes les lettres seraient différentes.

Or (prob. 1er) dans une combinaison de 1re espèce, le nombre de permutations de l'exposant n pour un nombre de lettres c serait $c \times (c-1).(c-2)....$ $(c-n+1)$. Dans l'application à l'exemple ci-dessus, faisant $n=c$ et $c=7$ le nombre des permutations sera

$$\frac{7.6.5.4.3.2.1}{1.2.3.1.1.1.1}.$$

Prenons pour second exemple la combinaison.... *aaabbde*. Les deux permutations qu'ont données dans le 1er exemple les deux lettres différentes b et c à la place de la double lettre bb se réduiraient à une seule. Ainsi le nombre des permutations ne sera plus que

$$\frac{7.6.5.4.3.2.1}{1.2.3.1.2.1.1}.$$

Généralement, dans une combinaison de seconde espèce composée d'un nombre c de lettres, où une même lettre se présente un nombre de fois p, une autre lettre un nombre de fois q, et dans laquelle toutes les autres lettres seraient différentes et au nombre de $(c-p-q)$, le nombre des permutations aura pour expression

$$\frac{1.2.3.................................... c}{1.2.......p.1.2.......q.1.1.1.1.1.\quad 1}$$

dans le dénominateur, le nombre des facteurs égaux à
à l'unité étant $(c - p - q)$.

LEMME 5.

Le produit de $(a + b + c)$ par $(a + b + c)$ est

$$aa + ab + ac + bc + bb + cc$$
$$ba \quad ca \quad cb$$

Multipliant ce produit par $(a + b + c)$ on a

$$aaa + aab + aac + abb + acc + abc + bbb + bbc + bcc + ccc$$
$$aba \quad aca \quad bab \quad cac \quad bac \qquad bcb \quad cbc$$
$$baa \quad caa \quad bba \quad cca \quad bca \qquad cbb \quad ccb$$
$$cab$$
$$cba$$
$$acb$$

Réunissant les termes composés des mêmes facteurs,
le 1er de ces produits se réduit à

$$a^2 + 2ab + 2ac + 2bc + b^2 + c^2;$$

le second se réduit à

$$a^3 + 3a^2b + 3a^2c + 3ab^2 + 3ac^2 + 6abc + b^3 + 3b^2c + 3bc^2 + c^3.$$

Tous les produits qu'on obtiendrait de cette manière seraient les différentes puissances du polynome
$(a + b + c)$.

LEMME 6.

Sans aller plus loin il est facile d'apercevoir,

1°. Que, dans la puissance, la somme des exposans
des termes de la racine est pour chaque terme égale à
l'exposant de la puissance ;

2°. Que le coefficient d'un terme est le nombre de permutations de seconde espèce de l'exposant de la puissance, que donne la combinaison des termes de la racine dont ce terme se compose; quantité dont nous venons de donner l'expression (prob. 3);

3°. Que le nombre des termes de la puissance est égal au nombre de combinaisons de seconde espèce du même exposant que la puissance dont les termes de la racine sont susceptibles; quantité dont nous avons donné l'expression (cor 12);

4°. Que le nombre des termes de la racine étant c, et chaque terme de la racine étant égal à l'unité, chaque terme de la puissance se réduirait à son coefficient. Alors n étant l'exposant de la puissance, sa valeur serait c^n. Donc dans la puissance n d'un polynome d'un nombre de termes c, la somme des coefficiens est c^n; c^n sera aussi l'expression du nombre de permutations de seconde espèce de l'exposant n pour un nombre de lettres c.

COROLLAIRE 13.

Du lemme précédent (nombre 2), il suit que dans une puissance les termes qui ont les mêmes nombres pour exposans, ont un coefficient commun.

CORROLLAIRE 14.

Par les lemmes 5 et 6, une puissance se composant de toutes les combinaisons de seconde espèce des termes de la racine, chacun d'eux se présentera un nombre égal de fois dans le développement de la puissance.

LEMME 7.

Dans un des termes de la puissance où quelques-uns des termes de la racine ne se présenteraient pas, on peut les y introduire en leur donnant zéro pour exposant.

Par exemple, la racine étant $(a+b+c+d+e+f)$ dans le terme de la puissance $(a^p b^q c^r d)$, où ne se rencontrent ni le terme e, ni le terme f de la racine, on les y introduira en mettant ce terme sous cette forme $a^p b^q c^r d e^0 f^0$.

LEMME 8.

Après avoir mis sous cette forme tous les termes de la puissance, prenons celui de ces termes qui présente la combinaison $(a^p b^q c^r d\, e^0 f^0)$.

Par le lemme 5, dans le produit qui est l'expression de la puissance, chacun des exposans $p, q, r, \mathrm{1}$ devant reposer sur chacun des termes de la racine, le nombre des termes qui dans ce produit auront pour exposans $p, q, r, \mathrm{1}$ est égal au nombre de permutations dont la combinaison des exposans $p, q, r, \mathrm{1}, 0, 0$ est susceptible. Or, comme dans cette combinaison un des exposans se présente deux fois, le nombre des permutations a pour expression

$$\frac{6.5.4.3.2.1}{1.1.1.1.1.2}.$$

En effet, prenons |la permutation $0, r, p, 0, 1, q$ et donnons-la pour exposant aux termes de la racine, il viendra $a^0 b^r c^p d^0 e\, f^q$. Or, si aucun terme du produit n'offrait cette permutation, ce produit ne serait pas la représentation de toutes les permutations de l'exposant n des termes de la racine.

COROLLAIRE 15.

De ce dernier lemme et du corollaire 13, il suit que si

l'on multiplie le coefficient d'un terme par le nombre de permutations dont la combinaison de ses exposans est susceptible, ce produit sera la somme des coefficiens de tous les termes qui ayant les mêmes nombres pour exposans, ont aussi un commun coefficient.

Par exemple, $a^p b^q c^r d\ e^o f^o$ étant un terme de la puissance, la somme des coefficiens des termes qui ont les mêmes exposans a pour expression

$$\frac{6.5.4.3.2.1 \times 1.2.3 \ldots\ldots\ldots\ldots\ldots \times (p+q+r+1}{1.1.1.1.1.2 \times 1.2.3 \ldots p \times 1.2 \ldots q \times 1.2 \ldots r \times 1}$$

COROLLAIRE 16.

Si l'on opère de la même manière sur tous les termes de la puissance dont les exposans se composent d'autres quantités, on obtiendra une représentation abrégée de la puissance d'un polynome.

On peut à cette méthode donner le nom de méthode des doubles coefficiens. Pour l'appliquer il reste à reconnaître toutes les combinaisons de seconde espèce qui se composent de nombres entiers et positifs dont la somme soit (lemme 6) une quantité constante égale à l'exposant de la puissance.

PROBLÈME IV.

4 est le nombre des termes de la racine, 7 l'exposant de la puissance; on demande 4 nombres entiers et positifs qui puissent satisfaire à ces conditions, qu'un de ces nombres, la somme de deux, de trois, de quatre de ces nombres égale 7.

Désignons les nombres cherchés par les indéterminées

k, m, p, q, nous aurons ces quatre équations

$$k = 7, \ k + m = 7, \ k + m + p = 7, \ k + m + p + q = 7.$$

La première de ces équations ne renfermant qu'une seule indéterminée, n'est susceptible que d'une solution $k = 7$.

La seconde équation, $k + m = 7$, est susceptible de trois solutions, en donnant aux indéterminées k et m les valeurs suivantes :

$$m = 1, k = 6; \quad m = 2, k = 5; \quad m = 3, k = 4.$$

La troisième équation, $k + m + p = 7$, est susceptible de quatre solutions, en donnant aux indéterminées k, m et p, les valeurs suivantes :

$$m = 1, p = 1, k = 5; m = 2, p = 1, k = 4;$$
$$m = 2, p = 2, k = 3; m = 3, p = 1, k = 3.$$

La quatrième équation, $k + m + p + q = 7$, est susceptible de trois solutions, en donnant aux indéterminées k, m, p et q, les valeurs suivantes :

$$m = 1, p = 1, q = 1, k = 4; m = 2, p = 1, q = 1, k = 3;$$
$$m = 2, p = 2, q = 1, k = 2.$$

On substituera ces valeurs de k, de $k + m$, de $k + m + p$, de $k + m + p + q$ dans les quantités $k + o + o + o$, $k + m + o + o$, $k + m + p + o$, $k + m + p + q$; ce qui donnera toutes les combinaisons d'exposans dans la 7e puissance d'un polynome de 4 termes. Il ne restera plus qu'à prendre le nombre de permutations dans chacune de ces combinaisons d'exposans, et à le multiplier par le coefficient commun à tous les termes qui ont ces mêmes exposans.

Par cette méthode, la 7e puissance d'un polynome

de 4 termes se réduit à 10 termes au lieu de 120, nombre que l'on trouvera en faisant dans la formule du corollaire 12, $k = 4$, $n = 7$.

Par cette méthode la 15e puissance d'une racine de 6 termes serait réduite à 110 termes au lieu de 15504.

DEUXIÈME PARTIE.
Applications.

Une urne contient plusieurs boules de couleurs différentes ; en tirant une boule de cette urne, il y a autant d'éventualités que de couleurs différentes.

La probabilité de l'une de ces éventualités a pour expression le nombre des boules de sa couleur divisé par le nombre des boules de toutes les couleurs.

Par exemple, si l'urne contient un nombre m de boules blanches, un nombre n de boules noires, la probabilité d'amener une boule blanche a pour expression $\dfrac{m}{m+n}$.

Si l'urne ne contient que des boules blanches, la probabilité d'amener une boule blanche se change en certitude. Dans l'expression ci-dessus de la probabilité, nous aurons $n = 0$, et l'expression de la probabilité se réduira à $\dfrac{m}{m} = 1$. Ainsi la certitude a pour expression l'unité.

THÉORÈME 1er.

Lorsqu'un événement tient à la rencontre successive ou simultanée de plusieurs événemens mutuellement indépendans, M. Moivre a remarqué qu'il suffit d'examiner en particulier la probabilité de chacun de ces événemens, de déterminer les expressions de ces probabilités, et de les multiplier entre elles.

Exemple. On demande la probabilité, en jetant le dé six fois, d'amener un as, un deux, un trois, un quatre, un cinq et un six.

Après le 1er coup, les chances du second coup se composent du dé qu'on aura amené le 1er coup, et de cinq dés différens; ainsi la probabilité d'amener en deux coups deux dés différens a pour expression $\frac{5}{6}$.

Le 3e coup, les chances se composent des deux dés amenés les deux 1ers coups, et de 4 autres. Ainsi la probabilité d'amener un dé différent a pour expression $\frac{4}{6}$.

Les coups suivans, la probabilité d'amener un dé différent aura pour expression $\frac{3}{6}, \frac{2}{6}, \frac{1}{6}$.

Multipliant les expressions de ces probabilités les unes par les autres, leur produit $\frac{5}{6} \times \frac{4}{6} \times \frac{3}{6} \times \frac{2}{6} + \frac{1}{6} = \dfrac{120}{7776}$, sera l'expression de la probabilité dans l'exemple proposé.

Mais cette méthode ne pourrait pas s'appliquer à tous les cas, comme celui où l'on serait admis à jeter le dé sept fois ou plus. Il faudrait alors avoir recours à une autre méthode, celle des combinaisons et des permutations.

PROBLÈME Ier.

On demande la probabilité d'amener as, 2, 3, 4, 5, et 6 avec 9 dés.

Désignons par a, b, c, d, e, f, les six faces du dé.

Ce problème conduit à élever à la 9e puissance le polynome $(a + b + c + d + e + f)$ et à prendre la somme des coefficiens de ceux des termes de cette puissance où se présentent les six termes de la racine.

En appliquant la méthode des doubles coefficiens, il suffira de résoudre l'équation aux six indéterminées $k + m + p + q + r + s = 9$; or elle est susceptible de trois solutions en faisant

$$m=1, p=1, q=1, r=1, s=1, k=4; \quad m=2, p=1,$$
$$q=1, r=1, s=1, k=3; \quad m=2, p=2, q=1,$$
$$r=1, s=1, k=2.$$

Donnant successivement pour exposans aux termes de la racine les valeurs données aux six indéterminées dans ces trois solutions, on prendra le nombre des permutations de chacune de ces combinaisons d'exposans ; on le multipliera par le coefficient qui serait commun à tous les termes de la puissance qui ont la même combinaison d'exposans : ce qui donnera

$$a^4 b\,c\,d\,e\,f \quad \frac{6.5.4.3.2.1}{1.1.2.3.4.5} \times \frac{1.2\ldots\ldots\ldots\ldots 9}{1.2.3.4.1.1.1.1.1} = 90720$$

$$a^3 b^2 c\,d\,e\,f \quad \frac{6.5.4.3.2.1}{1.1.1.2.3.4} \times \frac{1.2\ldots\ldots\ldots\ldots 9}{1.2.3.1.2.1.1.1.1} = 907200$$

$$a^2 b^2 c^2 d\,e\,f \quad \frac{6.5.4.3.2.1}{1.2.3.1.2.3} \times \frac{1.2\ldots\ldots\ldots\ldots 9}{1.2.1.2.1.2.1.1.1} = 907200.$$

La somme de ces trois produits est 1905120. Elle est l'expression du nombre des chances favorables. Le nombre des chances tant contraires que favorables, a pour expression (lemme 6, nombre 4) la 9ᵉ puissance de 6, nombre des termes de la racine, ou 10077696. La probabilité demandée a donc pour expression $\dfrac{1905120}{10077696}$; le nombre des chances contraires sera 8172576 ; il n'y a donc à parier que 1905120 contre 8172576, ou à peu près 19 contre 82, qu'avec neuf dés on amènera *as*, 2, 3, 4, 5 et 6.

LEMME Iᵉʳ.

Dans l'application des combinaisons au calcul des probabilités, les conditions du problème peuvent rendre nécessaires plusieurs considérations dans le choix

2..

des combinaisons qui satisfont à ces conditions. Nous allons en donner un exemple.

PROBLÈME II.

Une urne renferme six numéros. On tire trois numéros que l'on remet dans l'urne. On demande la probabilité que les six numéros sortiront en trois tirages.

Trois des 6 numéros sortant dans le 1er tirage, il n'en reste plus que trois à sortir dans les deux tirages subséquens. Désignons les numéros sortis au 1er tirage par les lettres a, b, c, les numéros qui restent à sortir, par les lettres d, e, f.

1°. Le même numéro ne peut sortir que deux fois en deux tirages. Ainsi dans une combinaison des numéros sortis au 2e et au 3e tirage, le même numéro ne peut se présenter que deux fois, et dans cette combinaison 2 est le plus grand exposant de la lettre qui représente un numéro.

2°. Les éventualités favorables étant représentées par les lettres d, e, f, celles contraires par les lettres a, b, c, on ne pourrait, sans changer une éventualité favorable en une contraire, transporter dans une combinaison les exposans des lettres d, e, f, sur les lettres a, b, c. Il faudra donc prendre séparément dans les combinaisons des numéros qui peuvent sortir au 2e et au 3e tirage, les permutations que donnent les exposans des lettres a, b, c, et celles que donnent les exposans des lettres d, e, f. Dans ces combinaisons le nombre des permutations sera le produit de ces deux nombres.

En se renfermant dans ce qui vient d'être dit, on composera le tableau suivant des différentes manières dont, dans les deux derniers tirages, les éventualités favorables d, e, f, peuvent se combiner entre elles et avec les éventualités contraires a, b, c.

Tableau Ier.

$$d^2 e^2 f^2 a^0 b^0 c^0 \quad 3.2.1 \times 3.2.1$$
$$1.2.3 \qquad 1.2.3$$

$$d\, e f^1 a\, b\, c^0 \quad 3.2.1 \times 3.2.1$$
$$1.2.1 \qquad 1.2.1$$

$$d\, c^2 f^2 a\, b^0 c^0 \quad 3.2.1 \times 3.2.1$$
$$1.1.2 \qquad 1.1.2$$

$$d\, c f\, a^2 b\, c^0 \quad 3.2.1 \times 3.2.1$$
$$1.2.3 \qquad 1.1.1$$

$$d\, c f^2 a^2 b^0 c^0 \quad 3.2.1 \times 3.2.1$$
$$1.2.1 \qquad 1.1.2$$

$$d\, e f\, a\, b\, c \quad 3.2.1 \times 3.2.1$$
$$1.2.3 \qquad 1.2.3$$

3°. Les six lettres dont ces combinaisons se composent, se partagent entre le 2ᵉ et le 3ᵉ tirage en combinaisons de trois lettres. Dans les combinaisons où une lettre a 2 pour exposant, elle prend place dans l'un et l'autre tirage. Ainsi le partage dans la 1ʳᵉ combinaison du tableau ne peut se faire que d'une manière.

Dans la 2ᵉ et la 3ᵉ combinaison du tableau, où se trouvent deux lettres ayant pour exposant 2^3, ce partage pourra se faire de deux manières.

Dans les 4ᵉ et 5ᵉ combinaisons il ne se trouve qu'une seule lettre ayant 2 pour exposant. Les quatre autres lettres qui dans la 4ᵉ combinaison sont $d\,e\,a\,b$, avec l'unité pour exposant, sont (cor. 5, 1 p.) susceptibles de ces six combinaisons de deux lettres ab, ac, bc, ad, bd, de ; or, en attribuant au 2ᵉ tirage la combinaison ab, ni a ni b n'entreront dans le 3ᵉ. Il ne restera que la combinaison de, qu'on puisse placer dans le 3ᵉ tirage, avec la lettre double prise une fois. Ainsi ces six combinaisons ne peuvent se placer dans les deux tirages que de ces trois manières ab et de, ad et bc, ae et bd. Il en sera de même pour la 5ᵉ combinaison.

Dans la 6ᵉ combinaison du tableau, où toutes les lettres ont pour exposant l'unité, ces six lettres sont (cor. 5, 1 p.) susceptibles de vingt combinaisons de l'exposant 3. Mais, en attribuant au 2e tirage une de ces combinaisons abc, ni a ni b ni c n'entreront dans le 3e tirage ; reste donc seulement la combinaison def à y placer. Ces vingt combinaisons ne peuvent ainsi se placer dans les deux tirages que de dix manières.

4° Ce partage opéré, on peut attribuer, soit au 2e, soit au 3e tirage, celle qu'on voudra des deux combinaisons de trois lettres attribuées à ces deux tirages.

5° La combinaison de trois lettres différentes représentant les numéros sortis dans un tirage, est susceptible d'un nombre de permutations exprimé par $\dfrac{3.2.1}{1.1.1}$. Or chacune des permutations attribuées au 2e tirage peut se combiner avec chacune de celles attribuées au 3e. Ainsi dans les deux tirages le nombre de ces permutations aura pour expression $\left(\dfrac{3.2.1}{1.1.1}\right)^2$.

Avec ces élémens on composera le tableau suivant :

$$\textit{Tableau n}^o\ 2.$$

$$d^2 e^2 f^2 a^0 b^0 c^0 \qquad \frac{3.2.1}{1.2.3} \times \frac{3.2.1}{1.2.3} \dots\dots\dots\dots \times \left(\frac{1.2.3}{1.1.1}\right)^2$$

$$d\, e^2 f^2 a\, b^0 c^0 \qquad \frac{3.2.1}{1.1.2} \times \frac{3.2.1}{1.1.2} \dots\dots \times 2 \times \left(\frac{1.2.3}{1.1.1}\right)^2$$

$$d\, e f^2 a^2\, b^0 c^0 \qquad \frac{3.2.1}{1.2.1} \times \frac{3.2.1}{1.2.1} \dots\dots \times 2 \times \left(\frac{1.2.3}{1.1.1}\right)^2$$

$$d\, e\, f^2 a\, b\, c^0 \qquad \frac{3.2.1}{1.2.1} \times \frac{3.2.1}{1.2.1} \times 3 \times 2 \times \left(\frac{1.2.3}{1.1.1}\right)^2$$

$$d\, e\, f\, a^2 b\, c^0 \qquad \frac{3.2.1}{1.2.3} \times \frac{3.2.1}{1.1.1} \times 3 \times 2 \times \left(\frac{1.2.3}{1.1.1}\right)^2$$

$$d\, e\, f\, a\, b\, c \qquad \frac{3.2.1}{1.2.3} \times \frac{3.2.1}{1.2.3} \times 10 \times 2 \times \left(\frac{1.2.3}{1.1.1}\right)^2$$

La somme de tous ces produits est 4792. Cette somme est l'expression du nombre des chances favorables. D'un autre côté, dans chaque tirage le nombre des chances a (théor. 1er.) pour expression $6\times5\times4$, et dans deux tirages $(6\times5\times4)^2 = 14400$. La probabilité demandée a donc pour expression $\dfrac{4792}{14400}$; le nombre des chances contraires sera 9608; il n'y a donc à parier que 4792 contre 9608, à très peu près 1 contre 2, que les six numéros sortiront en trois tirages.

PROBLÈME III.

On a pour soi le nombre de chances a, contre soi le nombre de chances b; on demande en quel nombre de parties la probabilité d'en gagner au moins une, serait égale à $\dfrac{1}{2}$.

Soit n ce nombre de parties. La probabilité de les gagner toutes aurait (théorème 1er,) pour expression $\dfrac{a^n}{(a+b)^n}$. Celle de les perdre toutes, $\dfrac{b^n}{(a+b)^n}$. Par conséquent, celle d'en gagner une au moins a pour expression $\dfrac{(a+b)^n-b^n}{(a+b)^n}$. Or dans le problème proposé, nous aurons l'équation

$$\frac{(a+b)^n-b^n}{(a+b)^n} = \frac{1}{2} \quad \text{ou} \quad (a+b)^n = 2b^n,$$

dans laquelle n est l'inconnue.

Opérant par logarithmes, il vient

$$n \log(a+b) = \log 2 + n \log b \text{ et } n = \ldots\ldots\ldots\ldots$$
$$\frac{\log 2}{\log(a+b) - \log b}.$$

Par exemple, si l'on demandait en combien de coups on peut parier amener un sonnet avec deux dés, on aurait

$$a = 1,\ b = 35,\ n = \frac{\log 2}{\log 36 - \log 35} = \frac{0{,}301030}{0{,}012234} = 25.$$

THÉORÈME 2.

Les différens résultats, perte ou gain, d'un nombre n de parties et la probabilité de chacun, seraient représentés (l. 5 et 6, 1 p.) par les termes de la puissance n du binome $(a + b)$.

Si nous faisons $n = 10$, cette suite de termes sera

$$a^{10} + 10a^9 b + 45a^8 b^2 + 120a^7 b^3 + 210a^6 b^4 + 252a^5 b^5$$
$$+ 210a^4 b^6 + 120a^3 b^7 + 45a^2 b^8 + 10ab^9 + b^{10}.$$

(Par le lemme 6, n. 4) le nombre de permutations de l'exposant 10, dont les deux lettres a et b sont susceptibles, a pour expression $2^{10} = 1024$. Ainsi en dix parties le nombre des éventualités serait 1024.

COROLLAIRE 1er.

Les résultats en perte et gain de 10 parties donnent 11 combinaisons. Ces 11 combinaisons donneront 1024 permutations. Chaque permutation comprend 10 parties. Tous les résultats possibles présentent donc un ensemble de 10240 parties perte ou gain.

COROLLAIRE 2.

Supposons donc 1024 personnes dont chacune aura joué 10 parties contre des tiers. Suivant les probabilités, une de ces 1024 personnes se trouvera avoir gagné les 10 parties qu'elle a jouées, une autre se trouvera les avoir perdues ; 10 personnes se trouveront en avoir gagné neuf et perdu une ; 10 autres se trouveront n'en avoir gagné que une et perdu neuf. Ainsi, par le seul effet du hasard, il doit y avoir une extrême inégalité dans le sort des personnes qui ont couru les mêmes chances.

THÉORÈME 3.

Bien qu'un événement soit arrivé une ou plusieurs fois, il conserve autant de probabilité dans le futur contingent, que tout autre événement qui, avec une égale probabilité primitive, ne s'est pas encore présenté.

On suppose d'abord qu'il n'y a aucune raison physique, et l'on ne saurait alléguer aucune raison mathématique, pour laquelle le passé influerait ici sur l'avenir; cependant cette proposition ayant été contestée par des géomètres, notamment par d'Alembert et Condorcet, nous allons en donner une démonstration déduite des deux corollaires précédens.

Sur 1024 personnes qui ont joué chacune 10 parties, il doit s'en trouver une qui aura gagné les 10 parties; il doit se trouver 10 personnes qui en auront gagné neuf et perdu une. Or, dans la combinaison qui se compose du gain de 9 parties et de la perte de une partie, il y a 10 permutations dont une se compose du gain des 9 1res parties et de la perte de la 10e. Dans les autres permutations, la partie perdue étant placée dans les 9 1res, lorsqu'on est arrivé à la 10e, on n'avait déjà plus la chance de gagner toutes les 10 parties. Ainsi à la dernière des 10 parties, il ne s'est plus trouvé au jeu qu'une seule personne sur 1024, qui fût en position de disputer la chance de gagner toutes les parties à celui qui, en définitive, l'a obtenue; or tout était égal entre ces deux personnes. Elles avaient donc à la 10ᵉ partie la même chance qu'à une 1ʳᵉ partie.

THÉORÈME 4.

La probabilité d'un événement a pour expression le nombre des chances favorables, divisé par le nombre des chances de tous les événemens possibles.

Ce principe est la base de toute la théorie des probabilités, nous allons nous y arrêter.

Huyghens avait proposé ce problème. A et B jouent en deux points. A gagne le 1ᵉʳ point. Dans cette position déterminer la probabilité.

Fermat avait donné cette solution : Le gain de la partie sera nécessairement décidé en deux coups. Les points gagnés par A et B étant désignés par a et b, les résultats de deux coups sont représentés par les permutations aa, ab, ba, bb. Or de ces quatre résultats trois donnent à A le gain de la partie, un seul le donne à B. Les nombres des chances de A et de B sont donc dans le rapport de 3 à 1, et les probabilités en faveur de l'un et de l'autre ont pour expression $\frac{3}{4}$ et $\frac{1}{4}$.

Pascal écrivit à Fermat que Roberval n'admettait pas sa solution. « Si, disait-il, on joue en deux points ; et que l'un des joueurs ait un point, c'est à tort que l'on suppose qu'il y a encore deux coups à jouer pour décider la partie, le gain pouvant en être acquis à celui qui a le point, s'il gagne ce coup. Ainsi la condition de jouer encore deux coups est une condition feinte, puisque la condition naturelle du jeu, est qu'on ne jouera plus dès que l'un des joueurs aura gagné. » Voici la réponse à cette objection.

Supposons qu'on joue avec des dés ayant trois faces blanches et trois noires. S'il vient deux faces blanches avant deux faces noires, le gain de la partie est acquis à A. Le 1er coup, il est venu face blanche. Dès le 2e coup, A peut gagner la partie s'il vient face blanche. Dans le cas contraire, par le résultat du 3e coup, ou il la gagnera ou il la perdra. Mais si après le 1er coup, au lieu de jeter le dé une fois, et deux fois s'il y a lieu, les joueurs faisaient la convention de jeter deux dés à la fois, cette convention ne donnerait ni n'ôterait de chances à l'un ni à l'autre. Or, avec deux dés, il peut venir ou deux blanches, ou deux noires, ou une blanche et une noire ; mais cette dernière éventualité peut se rencontrer de deux manières : le dé blanc aurait pu être noir, et le dé noir blanc. Le coup joué avec deux dés est donc susceptible de quatre résultats dont trois feront gagner A, et dont un seul le fera perdre. Roberval ne considérait dans sa solution que les combinaisons, et la solution du problème dépend des permutations.

D'Alembert et Condorcet ont reproduit à peu près la même objection en ces termes :

« Au jeu de croix ou pile, on parie amener une fois croix en deux coups. Or il n'y a que trois combinaisons, savoir, croix, pile et croix, pile et pile ; il n'y a donc à parier que deux contre un, au lieu de trois contre un.

« Que l'on jette les deux écus en même temps ; les écus tombés à terre, le 1er qu'on ramassera peut être croix, le 2e qu'on ramassera peut l'être aussi ; ou le 1er peut être croix et le 2e pile, ou le 1er peut être pile et le 2e croix, ou le 1er et le 2e peuvent être pile. L'objection pèche donc par un dénombrement imparfait. »

Voici un autre exemple d'un dénombrement imparfait. Dans son *Traité des Probabilités,* Laplace trouve qu'à pair ou non il y a plus de chances à opter pour non. Il dit :

« 1 est nombre impair, 2, nombre pair ; ensuite vient 3 nombre impair, 4, nombre pair ; ainsi les trois nombres 1, 2 et 3 donnent une chance de plus pour impair que pour pair. Les quatre nombres 1, 2, 3 et 4, ne donnent qu'un nombre égal de chances pour pair et pour impair. Pour des nombres plus grands, on aura alternativement une chance de plus pour impair, un nombre égal de chances pour pair.».

De là il conclut qu'il y a de l'avantage à opter pour non.

Cela n'est pas.

Qu'on prenne une pile de jetons, que l'on en fasse deux parts et que l'on présente une d'elles à l'option. Le nombre des jetons de la pile peut être indifféremment pair, ou impair. Le nombre des jetons de la pile étant un nombre pair, si dans l'une des parts le nombre de jetons est pair, dans l'autre part il sera aussi un nombre pair. Ainsi, en présentant l'une des parts à l'option, il y a deux chances pour que dans l'une et dans l'autre le nombre de jetons soit pair, comme il y a également deux chances pour qu'il soit impair.

Le nombre de jetons de la pile étant impair, si dans l'une des parts le nombre de jetons est pair, dans l'autre part il sera impair. Ainsi, en présentant à l'option une de ces parts, on a une chance pour que le nombre de jetons s'y trouve pair, comme on a également une chance pour que le nombre de jetons s'y trouve impair.

Ainsi, que le nombre de jetons de la pile soit pair ou impair, il y a trois chances pour que dans la part qu'on présente à l'option, le nombre de jetons soit pair, et trois chances pour qu'il soit impair. On a donc à pair ou non, un nombre de chances égal en optant soit pour pair, soit pour non.

COROLLAIRE.

Entre deux joueurs, la somme des probabilités en faveur de l'un et de l'autre a pour expression l'unité. Si en faveur de l'un d'eux la probabilité a pour expression x, la probabilité en faveur de son adversaire aura pour expression $1 - x$.

LEMME 2.

Si les éventualités qui font gagner l'un sont indépendantes de celles qui font gagner l'autre, par exemple : si au wisk on convenait qu'un côté ne marquera que les points gagnés par les honneurs, et l'autre côté ceux gagnés par les trics, le corollaire précédent n'aurait pas d'application. Dans ce cas, on déterminerait séparément l'expression de la probabilité pour un côté et pour l'autre. Qu'elle soit pour l'un $\dfrac{m}{p}$, pour l'autre $\dfrac{n}{q}$, on réduirait ces expressions au même dénominateur $\dfrac{mq}{pq}$, $\dfrac{np}{pq}$: le nombre des chances pour l'un sera mq, pour l'autre sera np, et les probabilités seront dans le rapport de mq à np.

Exemple. A et B sont appelés au recrutement dans deux arrondissemens différens. Dans celui où tire A, on demande 2 hommes sur 7 ; dans celui où tire B, on demande 3 hommes sur 11 : dans quel rapport sont les chances de A et de B pour être libérés ?

Nous ferons $m = 7 - 2$ ou 5, $n = 11 - 3$ ou 8, $p = 7$, $q = 11$; le rapport de mq à np sera celui de 5×11, à 8×7 ou de 55 à 56.

THÉORÈME 5.

Une urne renferme une boule noire et un nombre de boules blanches $(n-1)$. Un nombre n de personnes étant appelé à tirer successivement une boule, la chance sera égale pour tous.

Pour celui qui tire le 1er (par le théor. 4), la chance d'amener la noire a pour expression $\dfrac{1}{n}$.

A l'égard de celui qui ne tire qu'après un nombre p de personnes, le concours de deux éventualités est nécessaire pour qu'il amène la noire.

1°. Que ceux qui ont tiré avant lui n'aient amené que des blanches, éventualité qui (théor. 1er.) a pour expression de sa probabilité

$$\frac{n-1}{n} \times \frac{n-2}{n-1} \times \frac{n-3}{n-2} \cdots \cdots \frac{n-p}{n-(p-1)}.$$

Le produit de tous ces facteurs se réduit à

$$\left(\frac{n-p}{n}\right).$$

2°. Lorsqu'il tire, le nombre de boules restant dans l'urne est $(n-p)$. Sur ce nombre l'éventualité d'amener la noire a (théor. 4) pour expression de sa probabilité $\dfrac{1}{n-p}$.

Or (théor. 1er.) la probabilité du concours de ces

deux éventualités a pour expression

$$\frac{n-p}{n} \times \frac{1}{n-p} = \frac{1}{n}.$$

Donc celui qui tire après un nombre de personnes p, ne court que la même chance que celui qui tire le premier.

CONOLLAIRE 1er.

On a désigné une carte dans un jeu ; plusieurs personnes en tirent une successivement ; pour que la chance soit égale entre elles, il faut que le nombre des personnes qui tirent, soit un diviseur exact du nombre des cartes du jeu.

COROLLAIRE 2.

Au jeu de piquet on estime que, dans un coup, celui qui a la main doit faire 28 points ; que celui qui donne doit faire 10 points. Ces évaluations n'ont pu être faites qu'*à posteriori* comme nous le verrons plus loin. Supposons-les fondées sur un assez grand nombre d'observations pour les croire exactes et les prendre pour base d'un calcul.

Dans la partie de piquet qui se joue en 100 points, celui qui a la main en commençant, doit faire le 1er coup 28 points, le 2e 10, le 3e 28, le 4e 10, le 5e 28 : en cinq coups 104 points. Ainsi cinq coups doivent lui suffire pour arriver à 100 points et gagner.

Celui qui a donné, fera le 1er coup 10 points, le 2e 28, le 3e 10, le 4e 28, le 5e 10 : en cinq coups 86 points. Ainsi cinq coups ne lui suffiront pas pour arriver à 100 points et gagner.

Pour rendre la partie égale, il conviendrait de la mettre en 114 points. Celui qui aura la main en commençant, devra faire en six coups.......... $28 + 10 + 28 + 10 + 28 + 10$ ou 114 points. Celui qui donnera, devra faire dans ces six coups....... $10 + 28 + 10 + 28 + 10 + 28$ ou 114 points. Six coups étant nécessaires à l'un comme à l'autre pour arriver à 114 points et gagner, la chance serait égale pour l'un et pour l'autre.

PROBLÈME IV.

A a devant lui le nombre g *de jetons,* B *le nombre* h; *à un jeu égal, celui qui perd le coup donne à son adversaire un des jetons qu'il a devant lui : la partie ne se termine que lorsqu'il ne reste plus de jetons à l'un des joueurs. Déterminer la probabilité en faveur de* A *et en faveur* B.

Selon que la somme des jetons que A et B ont devant eux sera un nombre pair ou un nombre impair, il y aura dans la solution de ce problème une variante. Nous avons ainsi deux cas : le 1er, celui ou $g + h = 2m$; le 2e, celui ou $g + h = 2m + 1$.

1er cas : dans les différentes phases de la partie, A peut avoir devant lui les nombres de jetons

$$2m-1, 2m-2, 2m-3 \ldots\ldots 2m-(m-1), 2m-m \text{ ou } m.$$

Dans ces différentes positions de la partie, désignons les probabilités en faveur de A par

$$p, q, r\ldots\ldots\ldots y, \frac{1}{2}.$$

Dans ces mêmes positions de la partie, les probabilités en faveur de B auraient pour expression (th. 4, cor.)

$$1 - p, \quad 1 - q, \quad 1 - r \ldots \ldots 1 - y, \quad \frac{1}{2}.$$

Dans la position de la partie où A a devant lui le nombre $(2m - 1)$ de jetons, l'éventualité de gagner le coup qui se joue, lui donne le gain de la partie; l'éventualité de le perdre, le place dans la position où il a devant lui le nombre de jetons $(2m - 2)$ et où la probabilité en sa faveur a q pour expression; ce qui donne $p = \frac{1}{2} + \frac{1}{2} q$.

Dans la position de la partie où il a devant lui le nombre $(2m - 2)$ de jetons, l'éventualité de gagner le coup qui se joue, le place dans la position où il a devant lui le nombre de jetons $(2m - 1)$ et où la probabilité en sa faveur a p pour expression; l'éventualité de le perdre, le place dans la position où il a devant lui $(2m - 3)$ de jetons, et où la probabilité en sa faveur a r pour expression, ce qui donne $q = \frac{1}{2} p + \frac{1}{2} r$.

Par la même analogie, on aura successivement de nouvelles équations. Application :

Le nombre de jetons sur jeu est 10, ou $g + h = 10$, $2m = 10$, $2m - 1 = 9$, $2m - 2 = 8$, $2m - 3 = 7$, $2m - (m - 1) = 6$, $2m - m = 5$, et nous aurons ces 4 équations qui renferment 4 inconnues p, q, r et y :

$p = \frac{1}{2} + \frac{1}{2} q$, $\quad q = \frac{1}{2} p + \frac{1}{2} r$, $\quad r = \frac{1}{2} q + \frac{1}{2} y$, $\ldots$ $y = \frac{1}{2} r + \frac{1}{2}$, desquelles on tire $p = \frac{9}{10}$, $q = \frac{8}{10}$, $r = \frac{7}{10}$, $y = \frac{6}{10}$; expressions de la probabilité pour A.

Dans ces mêmes positions les probabilités pour B auront pour expression $\frac{1}{10}, \frac{2}{10}, \frac{3}{10}, \frac{4}{10}$.

2e cas. $g + h = 2m + 1$.

A pourrait avoir devant lui les nombres de jetons

$$2m, 2m - 1, 2m - 2, \ldots \ldots 2m - (m - 1), 2m - m.$$

Dans ces différentes positions, désignons les probabilités en sa faveur par

$$p, \quad q, \quad r \ldots\ldots\ldots \gamma, \quad 1 - \gamma.$$

Les probabilités en faveur de B auraient pour expression

$$1 - p, \quad 1 - q, \quad 1 - r \ldots\ldots 1 - \gamma, \quad \gamma ;$$

et nous aurons comme ci-dessus une suite d'équations

$$p = \tfrac{1}{2} + \tfrac{1}{2} q, \quad q = \tfrac{1}{2} p + \tfrac{1}{2} r \ldots\ldots$$

Application :

$$g + h = 9, \quad 2m = 8, \quad 2m - 1 = 7,$$
$$2m - 2 = 6, \quad 2m - (m-1) = 5, \quad 2m - m = 4.$$

Nous aurons ces quatre équations qui renferment quatre inconnues p, q, r, γ :

$$p = \tfrac{1}{2} + \tfrac{1}{2} q, q = \tfrac{1}{2} p + \tfrac{1}{2} r, r = \tfrac{1}{2} q + \tfrac{1}{2} \gamma, \gamma = \tfrac{1}{2} r + \tfrac{1}{2} \times (1 - \gamma),$$

desquelles on tire $p = \tfrac{8}{9}, \quad q = \tfrac{7}{9}, \quad r = \tfrac{6}{9}, \quad \gamma = \tfrac{5}{9},$

expressions de la probabilité pour A, dans ces différentes positions de la partie.

Dans ces mêmes positions de la partie, les probabilités pour B auront pour expression $\tfrac{1}{9}, \tfrac{2}{9}, \tfrac{3}{9}, \tfrac{4}{9}.$

COROLLAIRE.

Si, en commençant la partie, A avait devant lui sept jetons, et que B n'en eût que 3, les probabilités pour A et pour B, de finir par avoir tous les jetons, seraient dans le rapport de 7 à 3. D'où il suit que si deux personnes dont les fortunes sont très inégales, jouaient jusqu'à ce que l'une d'elles eût ruiné l'autre, les probabilités de leur ruine seraient dans le rapport inverse de leurs fortunes.

PROBLÈME V.

Ce problème, que l'on nomme le problème de Pétersbourg, parce qu'il a été traité par Daniel Bernouilli, dans les *Mémoires de Pétersbourg, tome 5*, est devenu célèbre par sa singularité et son résultat paradoxal (*a*).

Au jeu de croix ou pile, Jean s'oblige à payer à Pierre un écu, s'il amène croix au 1ᵉʳ coup; deux écus, s'il ne l'amène qu'au second; quatre, s'il ne l'amène qu'au 3ᵉ, et ainsi de suite. On demande quelle doit être la mise au jeu de Pierre.

A chaque coup, Pierre a une éventualité sur deux pour amener croix. La probabilité de l'amener le 1ᵉʳ coup est $\frac{1}{2}$, le 2ᵉ coup $\frac{1}{2} \times \frac{1}{2}$ (théor. 1ᵉʳ), le 3ᵉ $\frac{1}{2} \times \frac{1}{2} \times \frac{1}{2}$, le 4ᵉ $\frac{1}{2} \times \frac{1}{2} \times \frac{1}{2} \times \frac{1}{2}$, etc.; ou $\frac{1}{2}, \frac{1}{4}, \frac{1}{8}, \frac{1}{16}$, etc. Or Jean aurait à payer à Pierre au 1ᵉʳ coup un écu, au 2ᵉ deux, au 3ᵉ quatre, au 4ᵉ huit, etc. Ainsi, dans ces différentes alternatives, l'expectative de Pierre aurait pour expression $\frac{1}{2} \times 1, \frac{1}{4} \times 2, \frac{1}{8} \times 4, \frac{1}{16} \times 8$, etc. Ainsi, sa mise devant être égale au montant de ses expectatives, serait exprimée par la suite infinie $\frac{1}{2} + \frac{1}{2} + \frac{1}{2} + \frac{1}{2}$, etc., dont la somme serait un nombre infini d'écus.

Nicolas et Daniel Bernouilli, Cramer, Fontaine, Béguelin, d'Alembert, ont, dans des considérations tirées d'un ordre moral et économique, cherché des raisons pour réduire la mise de Pierre à 3 ou 4 écus; mais si, sans recourir à toutes ces inductions, ils eussent embrassé, dans leur solution, avec la mise de Pierre la somme qu'éventuellement Jean aurait eue à lui payer,

---

(*a*) *Histoire des Mathématiques*, de Montucla, t. 3ᵉ, p. 400, nomb. 40.

ils eussent rencontré une limite aussi étroite de la mise de Pierre.

Par les conventions du jeu, si Pierre amenait croix dès le 1er coup, il aurait à recevoir de Jean un écu, et à lui payer le nombre infini d'écus $\frac{1}{2} n$.

Mais si Pierre n'amenait croix qu'après un nombre de coups infini, Jean aurait à lui payer un nombre d'écus exprimé par le dernier terme de la progression géométrique, dans laquelle le 1er terme est l'unité, 2 la raison, n le nombre des termes. Le dernier terme de cette progression aurait pour expression 2^{n-1} qui se réduit à 2^n, lorsque n est une quantité infinie. Sur cette valeur, Jean ayant à imputer la mise de Pierre $\frac{1}{2} n$, aurait à lui payer un nombre d'écus exprimé par $2^n - \frac{1}{2} n$.

Or, la quantité 2^n peut être mise sous la forme $(1+1)^n$. L'exposant n de la puissance de ce binome étant une quantité infinie, cette puissance aurait un nombre de termes infini et pour expression

$$1 + \frac{n}{1} + \frac{n^2}{1.2} + \frac{n^3}{1.2.3} + \frac{n^4}{1.2.3.4} + \dots\dots + \frac{n}{1} + 1.$$

Dans cette puissance, la somme des deux 1ers termes serait une quantité infinie; la somme des trois 1ers termes une quantité infinie du 2e ordre; et la somme de tous les termes, où le nombre d'écus que Jean aurait à payer à Pierre, serait une quantité infinie d'un ordre infini.

Le problème pris dans toute l'étendue de son énoncé nous jette donc dans des espaces imaginaires et n'est point susceptible de solution.

Une condition indispensable de toute convention est qu'elle puisse avoir son exécution. Ainsi la mise de Pierre ne peut être que le prix des expectatives dont les facultés de Jean lui permettraient de réaliser les valeurs.

Cela posé, si nous faisons $n = 20$, ce qui réduirait à dix écus la mise de Pierre, Pierre n'amenant croix que le vingtième coup, Jean aurait à lui payer un nombre d'écus exprimé par $2^{19} - 10$, ou 524278 écus. Une condition préalable pour que la mise de Pierre fût portée à 10 écus, serait donc que Jean fût possesseur de la somme de 524278 écus.

Une seconde condition serait que Jean voulût s'exposer à réduire à rien une fortune de 524278 écus, par l'appât de l'augmenter de la somme insignifiante de dix écus.

Alors la mise de Pierre qui se trouvait déjà réduite à 10 écus, devrait encore être réduite jusqu'au point où la somme que Jean exposerait, serait dans sa fortune aussi insignifiante que la somme qu'il recevrait. De manière que pour porter à 5 écus la mise de Pierre, il faudrait que la perte de 512 écus fût une chose aussi indifférente pour Jean que le gain de 5 écus.

PROBLÈME VI.

Dans une partie en 4 points entre deux joueurs, déterminer les probabilités dans les différentes positions où les joueurs peuvent se trouver, dans le cours de la partie, après un ou plusieurs coups.

1°. En commençant la partie où à égalité de points les chances sont égales, la probabilité a pour expression $\frac{1}{2}$.

2°. Le 1er coup joué et gagné par B, la partie se terminera nécessairement en 6 coups, dont les résultats sont représentés par $a^6 + 6a^5b + 15a^4b^2 + 20a^3b^3 + 15a^2b^4 + 6ab^5 + b^6$; et lemme 6, le nombre de ces résultats a pour expression 2^6 ou 64. Or, par les résultats b^6, $6ab^5$, $15a^2b^4$, et de plus par les résultats

$20a^3b^3$, à cause du point déjà gagné par B, le gain de la partie lui est acquis. Ainsi le nombre des chances en sa faveur est 42 et la probabilité $\frac{42}{64}$.

Par le théorème 4, corollaire, la probabilité pour A sera $\frac{22}{64}$

3°. Les deux 1ers coups joués et gagnés par B, la partie se terminerait en cinq coups. On trouvera, comme ci-dessus, que leurs résultats seraient au nombre de 32 ; les chances en faveur de B au nombre de 26, la probabilité en faveur de B $\frac{26}{32}$, en faveur de A $\frac{6}{32}$.

4°. Les 3 1ers coups joués et gagnés par B, la partie se terminerait en 4 coups. Leurs résultats seraient au nombre de 16 ; les chances pour B au nombre de 15, la probabilité pour B $\frac{15}{16}$, pour A $\frac{1}{16}$.

5°. Dans les 3 1ers coups, B en a gagné 2, A en a gagné 1, la partie se terminerait de même en 4 coups. Les chances de B seraient au nombre de 11, la probabilité pour B $\frac{11}{16}$, la probabilité pour A $\frac{5}{16}$.

6°. Dans les 4 1ers coups, B en a gagné 3, A en a gagné 1, la partie se terminerait en 3 coups, leurs résultats seraient au nombre de 8, les chances pour B au nombre de 7, la probabilité pour B $\frac{7}{8}$, pour A $\frac{1}{8}$.

7°. Dans les 5 1ers coups, B en a gagné 3, A en a gagné 2, la partie se terminerait en 2 coups. Leurs résultats seront au nombre de 4, les chances pour B au nombre de 3, la probabilité pour B $\frac{3}{4}$, pour A $\frac{1}{4}$.

Définition.

Il y a une seconde espèce de partie. Elle est aussi en 4 points ; mais si dans les 6 1ers coups les joueurs sont arrivés à égalité de points, la partie n'est plus terminée que lorsqu'un des joueurs a acquis sur son adversaire l'avantage de 2 points. Dans cette 2e espèce de partie le nombre des coups dans lesquels elle doit se terminer est indéfini.

PROBLÈME VII.

Dans une partie de 2e espèce déterminer les probabilités dans les différentes positions de la partie.

1°. En commençant la partie, où à égalité de points, les chances sont égales, la probabilité a pour expression $\frac{1}{2}$.

2°. Le 1er coup joué et gagné par B dans les 6 coups qui suivent, leurs différens résultats au nombre de 64 sont représentés par

$$a^6 + 6a^5b + 15a^4b^2 + 20a^3b^3 + 15a^2b^4 + 6ab^5 + b^6.$$

Par les résultats b^6, $6ab^5$ et $15a^2b^4$, le gain de la partie se trouve acquis à B, ce qui lui donne une probabilité exprimée par $\frac{22}{64}$.

Les 10 permutations de la combinaison a^3b^3, dans lesquelles a occupe la dernière place, donnent à B le gain de la partie à cause du point qui lui est déjà acquis, et la probabilité $\frac{10}{64}$.

Les 10 permutations de cette même combinaison, dans lesquelles b occupe la dernière place, mettent B dans la position où il a sur A l'avantage d'un point, et lui donnent la probabilité $\frac{10}{64} \times \frac{1}{2} \times 1 + \frac{10}{64} \cdot \frac{1}{2} \cdot \frac{1}{2}$ ou $\frac{10}{64} \times \frac{3}{4}$.

Les 10 permutations de la combinaison a^4b^2, dans esquelles a occupe la dernière place, mettent B dans la position où A a sur lui l'avantage d'un point lui laissent la probabilité $\frac{10}{64} \times \frac{1}{2} \times \frac{1}{2}$ ou $\frac{10}{64} \times \frac{1}{4}$.

La somme de toutes ces probabilités en faveur de B est

$$\frac{22}{64} + \frac{10}{64} + \frac{10}{64} \times \frac{3}{4} + \frac{10}{64} \times \frac{1}{4} \text{ ou } \frac{42}{64}.$$

La probabilité pour A sera $\frac{22}{64}$.

3°. Les 2 1ers coups ont été gagnés par B. Dans les 5 coups qui suivent, les résultats au nombre de 32 sont représentés par

$$a^5 + 5a^4b + 10a^3b^2 + 10a^2b^3 + 5ab^4 + b^5.$$

Par les résultats b^5, $5ab^4$, $10a^2b^3$ le gain de la partie est acquis à B; ce qui lui donne une probabilité exprimée par $\frac{16}{32}$.

Les 6 permutations de la combinaison a^3b^2, dans lesquelles a occupe la dernière place, donneront à B le gain de la partie et la probabilité $\frac{6}{32}$.

Les 4 permutations de la même combinaison, dans lesquelles b occupe la dernière place, mettent la partie dans la position où B a sur A l'avantage d'un point et donnent à B la probabilité $\frac{4}{32} \times \frac{3}{4}$.

Les 4 permutations de la combinaison a^4b, dans lesquelles a occupe la dernière place, mettent la partie dans la position où A a sur B l'avantage d'un point et donnent à B la probabilité $\frac{4}{32} \times \frac{1}{4}$.

La somme de toutes ces probabilités en faveur de B est

$$\frac{16}{32} + \frac{16}{32} + \frac{4}{32} \times \frac{3}{4} + \frac{4}{32} \times \frac{1}{4} \text{ ou } \frac{26}{32}.$$

La probabilité pour A sera $\frac{6}{32}$.

4°. Les 3 premiers coups ont été gagnés par B. Dans les 4 coups qui suivent, les résultats au nombre de 16 sont représentés par

$$a^4 + 4a^3b + 6a^2b^2 + 4ab^3 + b^4.$$

Les résultats b^4, $4ab^3$, $6a^2b^2$ donnent à B le gain de la partie et la probabilité $\frac{11}{16}$.

Les 3 permutations de la combinaison a^3b, dans lesquelles a occupe la dernière place, donneront à B le gain de la partie et la probabilité $\frac{3}{16}$.

La permutation où b occupe la dernière place, met la partie dans la position où B a sur A l'avantage du point et donne à B la probabilité $\frac{1}{16} \times \frac{3}{4}$.

Le résultat a^4 met la partie dans la position où A a sur B l'avantage du point et donne à B la probabilité $\frac{1}{16} \times \frac{3}{4}$.

La somme des probabilités en faveur de B est donc

$$\frac{11}{16} + \frac{3}{16} + \frac{1}{16} \times \frac{3}{4} + \frac{1}{16} \times \frac{1}{4} \text{ ou } \frac{15}{16}.$$

La probabilité pour A sera $\frac{1}{16}$.

5°. Dans les 3 1ers coups B en a gagné 2, A en a gagné 1. Dans les 4 coups suivans

Les résultats b^4, $4ab^3$ donnent à B le gain de la partie et la probabilité $\frac{5}{16}$.

Les 3 permutations de la combinaison a^2b^2, dans lesquelle a occupe la dernière place, donnent à B le gain de la partie et la probabilité $\frac{3}{16}$.

Les 3 autres où b occupe la dernière place, donnent à B la probabilité $\frac{3}{16} \times \frac{3}{4}$.

Les 3 permutations de la combinaison a^3b, dans lesquelles a occupe la dernière place, donnent à B la probabilité $\frac{3}{16} \times \frac{1}{4}$.

La somme des probabilités en faveur de B est donc

$$\frac{5}{16} + \frac{3}{16} + \frac{3}{16} \times \frac{3}{4} + \frac{3}{16} \times \frac{1}{4} \text{ ou } \frac{11}{16}.$$

La probabilité pour A sera $\frac{5}{16}$.

6°. Dans les 4 1ers coups B en a gagné 3, A en a gagné 1. Dans les 3 coups suivans.

Les résultats b^3, $3ab^2$ donnent à B le gain de la partie et la probabilité $\frac{4}{8}$.

Les 2 permutations de la combinaison a^2b, dans lesquelles a occupe la dernière place, donnent à B le gain de la partie et la probabilité $\frac{2}{8}$.

Celle où b occupe la dernière place, donne à B la probabilité $\frac{1}{8} \times \frac{3}{4}$.

Le résultat a^3 donne à B la probabilité $\frac{1}{8} \times \frac{1}{4}$.

La somme de ces probabilités en faveur de B est donc

$$\frac{4}{8} + \frac{2}{8} + \frac{1}{8} \times \frac{3}{4} + \frac{1}{8} \times \frac{1}{4} \text{ ou } \frac{7}{8}.$$

La probabilité pour A sera $\frac{1}{8}$.

7°. Enfin, dans les 5 1ers coups, B en a gagné 3, A en a gagné 2. Dans les 2 coups suivans.

Le résultat b^2 donne à B le gain de la partie et la probabilité $\frac{1}{4}$.

La permutation ba donne à A le gain de la partie et la probabilité $\frac{1}{4}$.

La permutation ab donne à B la probabilité $\frac{1}{4} \times \frac{3}{4}$.

Le résultat a^2 lui donne la probabilité $\frac{1}{4} \times \frac{1}{4}$.

La somme des probabilités en faveur de B est donc

$$\frac{1}{4} + \frac{1}{4} + \frac{1}{4} \times \frac{3}{4} + \frac{1}{4} \times \frac{1}{4} \text{ ou } \frac{3}{4}.$$

La probabilité pour A sera $\frac{1}{4}$.

COROLLAIRE.

Dans les 2 problèmes précédens on a obtenu les mêmes probabilités dans les positions semblables des deux espèces de parties.

LEMME 3.

Nous appellerons parties simples les parties en plusieurs points. On joue quelquefois en partie liée, de plusieurs parties simples. Il y a également des parties liées de deux espèces, comme dans les parties simples ; dans des positions analogues d'une partie liée et des points d'une partie simple, les probabilités seraient les mêmes.

PROBLÈME VIII.

Dans une partie liée en quatre parties simples de 4 points, A a gagné 3 parties simples, B en a gagné 1. Dans la 5e partie qui se joue, B a 2 points, A n'a rien. Dans cette position déterminer les probabilités.

Dans la partie simple qui se joue, par les problèmes 6 et 7, nombres 3, la probabilité pour B a pour expression $\frac{13}{16}$.

Le gain de la partie simple qui se joue, place B dans la position où A a sur lui l'avantage d'une partie dans la partie liée, position dans laquelle la probabilité en sa faveur (prob. 6 et 7, nombre 7, et lem. 3) a pour expression $\frac{1}{4}$.

Donc, théorème 1er, la probabilité du gain de la partie liée en faveur de B a pour expression $\frac{13}{16} \times \frac{1}{4}$ ou $\frac{13}{64}$, et (théor. 4, corol.) la probabilité en faveur de A est $\frac{51}{64}$.

PROBLÈME IX.

Dans une partie liée en quatre parties simples de 4 points, A fait à B l'avantage d'un point à toutes les parties simples.

Cet avantage place B dans la même position que si, à toutes les parties simples qui se joueront, il avait gagné le 1er coup.

Or (prob. 6 et 7, nombre 2), dans cette position à

toutes les parties simples, la probabilité du gain de la partie simple serait pour B $\frac{21}{32}$, pour A $\frac{11}{32}$. D'un autre côté, toutes les positions dans lesquelles les joueurs peuvent se trouver dans le cours de la partie liée se rencontreront dans les 7 1res parties simples. Les résultats de ces 7 parties sont représentés par $a^7 + 7\,a^6b + 21a^5b^2 + 35\,a^4b^3 + 35\,a^3b^4 + 21\,a^2b^5 + 7\,ab^6 + b^7$. Dans cette puissance du binome $(a + b)$, nous ferons $a = \frac{11}{32}$, $b\, \frac{21}{32}$.

PROBLÈME X.

Dans la même partie A fait à B l'avantage d'un demi-point, c'est-à-dire d'un point à toutes les parties simples impaires; les parties simples paires se jouent à but.

Dans la 7e puissance du binome $(a + b)$ on prendra séparément toutes les permutations. On fera dans chacune aux places impaires $a = \frac{11}{32}$, $b = \frac{21}{32}$, aux places paires $a = \frac{1}{2}$, $b = \frac{1}{2}$.

Définition.

Une bisque est l'avantage de pouvoir prendre à sa volonté un point dans une des parties simples dont se compose une partie liée.

LEMME 4.

Celui qui reçoit une bisque a deux manières de gagner une partie simple, en plaçant sa bisque ou en se la conservant pour les parties suivantes. Pour la placer, son jeu est d'attendre une position de la partie simple où sa bisque décidera en sa faveur le gain de la partie. Autrement, ou il s'ôterait des chances pour gagner cette partie, en conservant son avantage pour les parties suivantes, ou il courrait le risque de la perdre après avoir usé inutilement sa bisque.

LEMME 5.

Dans la partie simple en quatre points, toutes les positions de la partie se rencontrent dans les sept 1ers coups, dont les résultats sont représentés par la 7e puissance du binome $(a + b)$ savoir :.........

$$a^7 + 7a^6 b + 21 a^5 b^2 + 35 a^4 b^3 + 35 a^3 b^4 + 21 a^2 b^5 + 7 a b^6 + b^7$$

Lorsque B reçoit une bisque, nous distinguerons dans ces résultats ceux qui lui donnent le gain de la partie, sans faire emploi de sa bisque, de ceux qui ne le lui donnent que par l'emploi de sa bisque. Nous ajouterons à l'expression de la probabilité des premiers la lettre k; des seconds, la lettre i; k et i ne sont là que de simples signes indicateurs et sans valeur.

Dans cette puissance, le nombre des permutations est 2^7 ou 128. Les résultats b^7, $7ab^6$, $21a^2b^5$ et les 15 permutations de la combinaison $a^3 b^4$, dans lesquelles a occupe la dernière place, donnent à B le gain de la partie sans faire emploi de sa bisque, et la probabilité

$$\frac{1}{128} + \frac{7}{128} + \frac{21}{128} + \frac{15}{128} = \frac{44}{128} \; (k).$$

De plus, mais en faisant emploi de sa bisque, les 20 permutations de la combinaison $a^3 b^4$, dans lesquelles a occupe la dernière place, et les 10 permutations de la combinaison $a^4 b^3$, dans lesquelles a occupe les deux dernières places, donnent à B le gain de la partie et la probabilité

$$\frac{20}{128} + \frac{10}{128} = \frac{30}{128} \; (i).$$

COROLLAIRE.

Dans la partie simple, tant que B conserve sa bis-que, la probabilité a pour expression en sa faveur, $\frac{74}{128}$ en faveur de A $\frac{54}{128}$ (théor. 4, cor.).

Après que la bisque a été prise, cette probabilité pour B comme pour A, est $\frac{1}{2}$.

LEMME 6.

Tant que B a conservé sa bisque, il y a dans la partie simple ces 3 éventualités : B peut la perdre, il peut la gagner sans faire emploi de sa bisque, la ga-gner en faisant emploi de sa bisque. Nous les distin-guerons par les lettres h, f et g.

Dans une partie liée en un nombre n de parties simples, toutes les positions dans lesquelles les joueurs peuvent se trouver dans le cours de la partie liée sont représentées par la puissance n du trinome $(f + g + h)$. Mais il faudra en éliminer tous les termes où l'expo-sant de g serait plus grand que le nombre de bisques donné à B.

Après que la bisque a été prise, ces 3 éventualités se réduisent aux deux éventualités f et h.

LEMME 7.

Par l'emploi de sa bisque, B décide en sa faveur le gain d'une partie simple que A aurait encore la chance de gagner. Cet avantage est en dehors et indépendant de la chance égale qu'ont A et B de gagner toute par-tie simple. Donc, dans la partie liée, le théorème 4 et son corollaire ne peuvent avoir leur application, et cette partie entre dans l'exception du lemme 2.

(47)

LEMME 8.

La bisque prise dans la partie liée de 2e espèce, chaque fois que dans le cours de la partie les joueurs se trouveront à égalité de parties simples, la probabilité sera $\frac{1}{2}$ pour l'un et pour l'autre.

LEMME 9.

B ayant une bisque à placer, chaque fois que dans la partie liée les joueurs se trouveront à égalité de parties simples, de manière que la partie liée pourrait être terminée en deux parties, on déterminera dans cette position les probabilités comme il suit :

Les résultats des deux parties simples suivantes sont représentés par $f^2 + g^2 + h^2 + 2fh + 2fg + 2gh$.

On écartera le terme g^2 dans lequel l'exposant de g est plus grand que l'unité (lemme 6).

Les résultats $2fh$ laissant les joueurs aux parties qui suivront dans la même position, sont comme non avenus.

Par les résultats $2\,hg$, les joueurs restent à égalité de parties simples ; mais B ayant fait emploi de sa bisque dans l'une de ces parties, leur position se trouve changée en celle du lemme 8, où la probabilité du gain de la partie simple et de la partie liée pour l'un et pour l'autre est $\frac{1}{2}$.

Dans la permutation gh, la probabilité de l'éventualité g est $\frac{74}{128}$ (lemme 5, cor.) ; mais dans la 1re de ces deux parties, B ayant placé sa bisque dans la 2e, la probabilité de l'éventualité h est devenue $\frac{1}{2}$ (lem. 5, cor.). Ainsi la probabilité de la permutation gh est $\frac{74}{128} \times \frac{1}{2}$ (théor. 1er). ; or, dans deux parties simples, le nombre des éventualités est 9, nombre des permutations pour 3 lettres de l'exposant 2 (lem. 6, nomb. 4

1re p.). La probabilité du résultat gh dans les deux parties simples sera $\frac{74}{128} \times \frac{1}{2} \times \frac{1}{9}$ (théorème 1er). Après le résultat gh de ces deux parties simples, la probabilité du gain de la partie liée sera pour A comme pour B $\frac{1}{2}$ (lem. 8); et avant ces deux parties, lorsque A et B étaient à égalité de parties simples et que B avait une bisque à placer, la probabilité du gain de la partie liée résultante de l'éventualité gh qui laisse à A comme à B l'expectative $\frac{1}{2}$ pour le gain de la partie liée, était pour A comme pour B......
$\frac{74}{128} \times \frac{1}{2} \times \frac{1}{9} \times \frac{1}{2}$ (théor. 1er).

Dans la permutation hg, la probabilité de l'éventualité h est $\frac{54}{128}$ (lem. 5, cor.), de l'éventualité g $\frac{74}{128}$. Ainsi la probabilité de la permutation hg est $\frac{54}{128} \times \frac{74}{128}$. La probabilité du résultat hg dans les deux parties simples sera $\frac{54}{128} \times \frac{74}{128} \times \frac{1}{9}$; par le résultat hg, la probabilité du gain de la partie liée devient pour A comme B $\frac{1}{2}$; donc avant de jouer ces deux parties, lorsque A et B étaient à égalité de parties simples et que B avait une bisque à placer, la probabilité du gain de la partie liée résultante de l'éventualité hg était pour A comme pour B $\frac{54}{128} \times \frac{74}{128} \times \frac{1}{9} \times \frac{1}{2}$.

Dans les résultats f^2, $2fg$, on mettra pour f sa valeur suivant sa position : savoir, dans les permutations ff et fg, $\frac{44}{128}$ (k) ou simplement $\frac{44}{128}$ (lem. 5) dans la permutation gf la valeur $\frac{1}{2}$ (lem. 5, cor.). Ainsi dans la position donnée, la probabilité du gain de la partie liée résultante des 3 éventualités f^2, fg et gf était pour B

$$\left(\frac{44}{128}\right)^2 \times \frac{1}{9} + \frac{44}{128} \times \frac{74}{128} \times \frac{1}{9} + \frac{74}{128} \times \frac{1}{2} \times \frac{1}{9}.$$

Par le résultat h^2, A gagne la partie liée. On mettra pour h sa valeur $\frac{54}{128}$ (lem. 5, cor.), et dans la position donnée la probabilité du gain de la partie liée résultante de l'éventualité h^2, était pour A $\left(\frac{54}{128}\right)^2 \times \frac{1}{9}$.

(49)

En résumé, lorsque A et B sont à égalité de parties simples, et que B a une bisque à placer, les probabilités pour le gain de la partie liée sont en faveur de B,

$$\frac{74}{128} \times \frac{1}{2} \times \frac{1}{9} \times \frac{1}{2} + \frac{54}{128} \times \frac{74}{128} \times \frac{1}{9} \times \frac{1}{2} + \left(\frac{44}{128}\right)^2 \times \frac{1}{9} \ldots$$
$$+ \frac{44}{128} \times \frac{74}{128} \times \frac{1}{9} + \frac{74}{128} \times \frac{1}{2} \times \frac{1}{9};$$

quantité que nous désignerons par P ;

en faveur de A,

$$\frac{74}{128} \times \frac{1}{2} \times \frac{1}{9} \times \frac{1}{2} + \frac{54}{128} \times \frac{74}{128} \times \frac{1}{9} + \left(\frac{54}{128}\right)^2 \times \frac{1}{9} = Q.$$

LEMME 10.

Dans la position où l'un des joueurs a sur son adversaire l'avantage d'une partie simple, et où B n'a plus de bisque à placer, la probabilité du gain de la partie liée est $\frac{3}{4}$ pour celui qui a l'avantage, $\frac{1}{4}$ pour son adversaire (prob. 6 et 7).

LEMME 11.

Dans la position où B a sur A l'avantage d'une partie simple et une bisque à placer, on déterminera les probabilités comme il suit.

Les résultats de la partie simple suivante sont f, g ou h; la probabilité de l'éventualité f est $\frac{44}{128}$ (lem. 5); la probabilité du résultat f est $\frac{44}{128} \times \frac{1}{3}$ (théor. 1er); la probabilité de l'éventualité g $\frac{74}{128}$, du résultat g $\frac{74}{128} \times \frac{1}{3}$. Par ces deux résultats, le gain de la partie liée est acquis à B; ainsi, dans la position donnée, la probabilité du gain de la partie liée résultante de ces deux éventualités était en faveur de B

$$\frac{44}{128} \times \frac{1}{3} + \frac{74}{128} \times \frac{1}{3}.$$

La probabilité de l'éventualité h est $\frac{54}{128}$, du résultat h $\frac{54}{128} \times \frac{1}{3}$; par le résultat h, les joueurs sont

4

ramenés à la position du lemme 9 dans laquelle la probabilité du gain de la partie liée est P en faveur de B, et Q en faveur de A. Ainsi, dans la position donnée, la probabilité du gain de la partie liée résultante de l'éventualité h, sera en faveur de B $\frac{54}{128} \times \frac{1}{3} \times$ P, en faveur de A $\frac{54}{128} \times \frac{1}{3} \times$ Q.

En résumé, lorsque B a sur A l'avantage d'une partie simple et une bisque à placer, les probabilités du gain de la partie liée sont en faveur de B

$$\frac{44}{128} \times \frac{1}{3} + \frac{74}{128} \times \frac{1}{3} + \frac{54}{128} \times \frac{1}{3} \times P;$$

en faveur de A

$$\frac{54}{128} \times \frac{1}{3} \times Q.$$

LEMME 12.

Dans la position où B a une bisque à placer, mais où l'avantage d'une partie simple est du côté de A, on déterminera les probabilités comme il suit :

La probabilité de l'éventualité h est $\frac{54}{128}$ (théor. 4, cor.); la probabilité dans la partie suivante du résultat h est $\frac{54}{128} \times \frac{1}{3}$ (lem. 6); la probabilité pour A du gain de la partie lié par ce résultat h est $\frac{54}{128} \times \frac{1}{3}$.

La probabilité de l'éventualité g est $\frac{74}{128}$ (théor. 4, cor.); la probabilité dans la partie suivante du résultat g est $\frac{74}{128} \times \frac{1}{3}$; le résultat g ramenant la position du lemme 8, où la probabilité du gain de la partie liée est pour A comme pour B $\frac{1}{2}$, la probabilité du gain de la partie liée par le résultat g de la partie suivante est pour A comme pour B $\frac{74}{128} \times \frac{1}{3} \times \frac{1}{2}$.

Enfin la probabilité de l'éventualité f est $\frac{44}{128}$ (lem. 5), du résultat f est $\frac{44}{128} \times \frac{1}{3}$. Le résultat f ramenant la partie liée dans la position du lemme 9, où la probabilité du gain de la partie liée est P pour B, est Q pour

A , la probabilité du gain de la partie liée par le résultat f est pour A

$$\tfrac{44}{128} \times \tfrac{1}{3} \times Q,$$

pour B $\qquad \tfrac{44}{128} \times \tfrac{1}{3} \times P.$

En résumé, dans la position où B a une bisque à placer, mais où l'avantage d'une partie simple est du côté de A, les probabilités du gain de la partie liée sont en faveur de B

$$\tfrac{74}{128} \times \tfrac{1}{3} \times \tfrac{1}{2} + \tfrac{44}{128} \times \tfrac{1}{3} \times P;$$

en faveur de A

$$\tfrac{54}{128} \times \tfrac{1}{3} + \tfrac{74}{128} \times \tfrac{1}{3} \times \tfrac{1}{2} + \tfrac{44}{128} \times \tfrac{1}{3} \times Q.$$

PROBLÊME XI.

Dans une partie liée de 2.ᵉ espèce en 4 parties simples de 2.ᵉ espèce et en 4 points, A fait à B l'avantage d'une bisque, déterminer les probabilités.

Toutes les positions où les joueurs peuvent se trouver dans le cours de la partie liée se rencontreront dans l'ensemble des résultats des sept premières parties simples, et seraient représentées par les permutations de la 7e puissance du trinome $(f + g + h)$. Le nombre de ces permutations a (lem. 6, nombre 4, 1 p) pour expression $3^7 = 2187$.

Mais il convient (lem. 6) d'écarter tous les termes de cette puissance dans lesquels l'exposant de g est plus grand que l'unité. Ce qui les réduira aux termes suivans :

$$f^7 + 7f^6h + 21f^5h^2 + 35f^4h^3 + 35f^3h^4 + 21f^2h^5 + 7fh^6$$
$$+ h^7 + 7f^6g + 42f^5gh + 105f^4h^2g + 140f^3h^3g + 105f^2h^4g$$
$$+ 42fh^5g + 7h^6g.$$

Dans chaque permutation on mettra pour g sa valeur $\frac{74}{128}$ (théor. 4, cor.); pour h la valeur $\frac{54}{128}$, lorsque h précède g dans la permutation ; pour h la valeur $\frac{1}{2}$, lorsque, dans la permutation, h est précédée de g ; pour f la valeur $\frac{44}{128}$, lorsque, dans la permutation, f précède g ; pour f la valeur $\frac{1}{2}$, lorsque, dans la permutation, f est précédé de g.

Après ces substitutions, on multipliera la valeur de chacune de ces permutations par $\frac{1}{2787}$; ce qui donnera l'expression de la probabilité de ce résultat des sept premières parties simples.

Selon la position dans laquelle chacun de ces résultats aura amené la partie liée, on multipliera cette expression de la probabilité de ce résultat,

1°. Par l'expression, dans cette position, de la probabilité du gain de la partie liée en faveur de A : expression que nous venons de déterminer, lemmes 8, 9, 10, 11 et 12.

La somme de ces produits sera l'expression de la probabilité du gain de la partie en faveur de A.

2°. Par l'expression, dans cette position, de la probabilité du gain de la partie liée en faveur de B : expression que nous venons de déterminer, lemmes 8, 9, 10, 11 et 12.

La somme de ces produits sera l'expression de la probabilité du gain de la partie en faveur de B.

Tous les élémens de ce calcul étant donnés, le problème proposé se trouve résolu.

LEMME 13.

Les conditions du jeu données, dans une partie on détermine les probabilités en faveur de A et en faveur de B. Il reste un 2e degré de probabilité à rechercher. C'est la probabilité que, dans un nombre n de parties, le nombre de celles gagnées par A sera au nombre de celles gagnées par B, dans le rapport déterminé des probabilités dans une partie en faveur de A et en faveur de B.

LEMME 14.

Le rapport que l'on a déterminé des probabilités en faveur de A et de B en une partie étant celui de g à h, pour que, dans un nombre n de parties, le nombre de celles gagnées par A puisse être au nombre de celles gagnées par B dans le rapport de g à h, il est indispensable que le nombre des parties jouées soit égal à $g + h$ ou un multiple k de $g + h$.

LEMME 15.

Par le théorème 2, le résultat d'un nombre de parties n ou $gk + hk$, par lequel A gagnerait le nombre gk de parties, B le nombre hk, est représenté par le terme de la puissance n d'un binome, où l'un des termes de la racine a pour exposant gk, l'autre hk. Ainsi, en prenant pour termes de la racine les expressions g et h des probabilités en une partie, la probabilité de ce résultat du nombre de parties n a pour expression dans la puissance n du binome $(g + h)$ la valeur du terme où l'exposant de g sera gk, où l'exposant de h sera hk. Or (prob. 3, 1re p.) ce terme a pour expression,

$$\frac{1.2.3\dots\dots\dots\dots\dots\dots\dots n \times g^{gk} h^{hk}}{1.2\dots\dots\dots gk \times 1.2\dots\dots hk} \times (g + h)^n.$$

LEMME 16.

Par construction, ayant $g > h$. Le terme de la puissance $(gk + hk)$ du binome $(g + h)$, dans lequel les exposans de g et de h sont gk et hk, a une valeur plus grande que le terme qui le précède, dans lequel les exposans de g et de h sont $(gk+13)$ et $(hk-1)$.

En effet, ces deux termes ont pour expression,

$$\text{le } 1^{er}, \ 1.2.3\ldots\ldots\ldots\ldots\ldots\ldots n \times g^{gk}h^{hk},$$
$$1.2\ldots gk \times 1.2\ldots\ldots hk \times (g+h)^n.$$

$$\text{Le } 2^e, \ 1.2.3\ldots\ldots\ldots\ldots n \times g^{gk} \times g \times h^{hk} \times h^{-1},$$
$$1.2\ldots gk \times (gk+1) \times 1.2\ldots (hk-1) \times g+h)^n.$$

Multipliant ces deux expressions par hk et les divisant par le facteur commun $1.2.3\ldots\ldots\ldots\ldots n \times g^{gk}h^{hk}$,
$$1.2.gk \times 1.2.(hk-1) \times (g+h)^n.$$

La 1re se réduit à $\frac{1}{1}$, la 2e à $\dfrac{gk}{gk+1}$; or on a $\dfrac{1}{1} > \dfrac{gk}{gk+1}$.

Donc le 1er de ces deux termes de la puissance a une valeur plus grande que le 2e.

LEMME 17.

Le même terme, dans lequel les exposans de g et de h sont gk et hk, a une valeur plus grande que le terme qui le suit, dans lequel les exposans de g et de h sont $(gk-1)$ et $(hk+1)$.

Nous avons ci-dessus l'expression du 1er de ces deux termes ; le 2^e a pour expression,

$$1.2.3\ldots\ldots\ldots\ldots\ldots n \times g^{gk} \times g^{-1} \times h^{hk} \times h,$$
$$1.2\ldots (gk-1) \times 1.2\ldots hk.(hk+1) \times (g+h)^n.$$

Multipliant ces deux expressions par gk et les divisant par le facteur commun $1.2.3\ldots\ldots\ldots\ldots n \times g^{gk}h^{hk}$,
$$1.2\ldots (gk-1) \times 1.2.hk \times (g+h)^n.$$

La 1re se réduit à $\frac{1}{2}$, la 2e à $\dfrac{hk}{hk+1}$; or on a $\frac{1}{2} > \dfrac{hk}{hk+1}$.

Donc le 1er de ces deux termes de la puissance a une valeur plus grande que le 2e.

LEMME 18.

Si, à la gauche du terme dans lequel les exposans de g et de h sont gk et hk, en remontant vers le 1er terme, on prend un nombre de termes z, le dernier de ces termes dans lequel les exposans de g et de h sont $gk+z$ et $hk-z$, a une valeur plus grande que celui qui, en partant du 1er terme de la puissance, le précède, et dans lequel les exposans de g et de h sont $(gk+z+1)$ et $(hk-z-1)$.

En effet, ces deux termes ont pour expressions,

le 1er, $\dfrac{1.2.3\ldots\ldots\ldots\ldots\ldots ng^{gk+z}h^{hk-z}}{1.2\ldots\ldots(gk+z)\times 1.2\ldots(hk-z-1)\ldots\times(hk-z)}\times(g+h)^n$;

le 2e, $\dfrac{1.2.3\ldots\ldots\ldots n\times g^{hk+z}\times g\times h^{hk-z}\times h^{-1}}{1.2\ldots\ldots(gk+z).(gk+z+1)\times 1.2\ldots\ldots(hk-z-1)}\times(g+h)^n$.

Multipliant ces deux expressions par hk et les divisant par le facteur commun

$$\frac{1.2.3\ldots\ldots n\times g^{gk+z}\times h^{hk-z}}{1.2\ldots(gk+z)\times 1.2\ldots(hk-z-1)\times(g=h)^n},$$

La 1re se réduit à $\dfrac{hk}{hk-z}$; la 2e à $\dfrac{gk}{gk+z+1}$;

or, on a $\dfrac{hk}{hk-z} > \dfrac{gk}{gk+z+1}$.

Donc le 1er de ces deux termes a une valeur plus grande que le 2e ; et la supériorité du 1er sur le 2e sera d'autant plus grande que z sera plus grand, ou que ces termes s'éloigneront davantage du terme de la puissance dans lequel les exposans de g et de h sont gk et hk.

LEMME 19.

Si, à la droite du terme dans lequel les exposans de g et de h sont gk et hk, en descendant vers le dernier terme de la puissance, on prend le même nombre de termes z, le dernier, dans lequel les exposans de g et de h sont $(gk - z)$ et $(hk + z)$, a une valeur plus grande que le terme qui, dans la puissance, le suit, et dans lequel les exposans de g et de h sont $(gk - z - 1)$ et $(hk + z + 1)$.

En effet, ces deux termes ont pour expressions,

le 1er, $1.2.3\ldots\ldots\ldots\ldots\ldots\ldots ng^{gk-z} \times h^{hk+z}$
$\phantom{le 1^{er},}1.2\ldots\ldots\ldots(gk - z - 1) . (gk + z) . 1.2\ldots$
$(hk + z) \times (g + h)^n$.

Le 2^e, $1.2.3\ldots\ldots n \times g^{gk-z} \times g^{-1} \times h^{hk+z} \times h,$
$1.2\ldots\ldots(gk - z - 1) . 1.2\ldots(hk + z) .$
$(hk + z + 1) \times (g + h)^n$.

Multipliant ces deux expressions par gk et les divisant par le facteur commun $1.2.3\ldots n \times g^{gk-z} \times h^{hk+z}$,
$1.2\ldots(gk - z - 1) . 1.2\ldots$
$(hk + z) \times (g + h)^n$.

La 1re se réduit à $\dfrac{gk}{gk - z}$ la 2e à $\dfrac{hk}{hk + z + 1}$.

Or, on a $\dfrac{gk}{gk - z} > \dfrac{hk}{hk + z + 1}$.

Donc le 1er de ces deux termes a une valeur plus grande que le 2e ; et la supériorité du 1er sur le 2e sera d'autant plus grande que z sera plus grand ; ou que ces deux termes s'éloigneront davantage du terme dans lequel les exposans de g et de h sont gk et hk.

COROLLAIRE.

Il suit des lemmes précédens que, dans la puissance $(gk + hk)$ du binome $(g + h)$, le terme dans lequel les exposans de g et de h sont gk et hk (terme que nous désignerons par la lettre c) est le terme qui a la plus grande valeur, et que si à la droite et à la gauche du terme c, on prend de ceux qui le précédent et de ceux qui le suivent un même nombre, ces termes sont ceux de la puissance qui ont la plus grande valeur.

PROBLÈME XII.

En une partie, les chances de A *et de* B *sont dans le rapport de 3 à 2. Quelle est la probabilité qu'en 50 parties, le nombre de celles gagnées par* A *sera au nombre de celles gagnées par* B *dans l'un des rapports de 30 à 20, de 31 à 19, de 29 à 21 dont le 1er est celui de 3 à 2, les deux autres en sont les rapports le plus approchés ?*

Nous aurons ici $g = 3$, $h = 2$, $k = 10$, $n = 50$.

En 50 parties, la probabilité de l'un de ces trois résultats aurait pour expression la somme des valeurs que dans la 50e puissance du binome $(3 + 2)$, ont les 3 termes dans lesquels les exposans de 3 et de 2 seraient 30 et 20, 31 et 19, 29 et 21. Ces valeurs sont

$$1.2.3\ldots\ldots\ldots\ldots\ 50 \times 3^{30} \times 2^{20} = 0,08106$$
$$1.2\ldots 30.1.2\ldots\ 20 \times 5^{50}$$
$$1.2.3\ldots\ldots\ldots\ldots\ 50 \times 3^{31} \times 2^{19} = 0,07522$$
$$1.2\ldots 31.1.2\ldots\ 19 \times 5^{30}$$
$$1.2.3\ldots\ldots\ldots\ldots\ 50 \times 3^{29} \times 2^{21} = 0,07406$$
$$1.2\ldots 29.1\ 2\ldots\ 21 \times 5^{50}$$

Leur somme est $0,23034$ ou $\dfrac{23034}{100000}$; elle est l'expression de la probabilité, qu'en 5o parties le rapport du nombre de celles gagnées par A, au nombre de celles gagnées par B, ne sortira pas des limites de 31 à 19, de 29 à 21.

COROLLAIRE.

Dans les jeux d'adresse ou de calcul, on n'a pas la mesure de la supériorité de l'un des joueurs sur son adversaire; on manque ainsi d'élémens pour déterminer *à priori* le rapport en une partie dès probabilités pour A et pour B; par la réciproque du problème précédent, on déterminera ce rapport *à posteriori*, en prenant pour son expression le rapport du nombre de parties gagnées par A au nombre de celles gagnée par B.

Pour savoir jusqu'à quel point on peut compter sur l'exactitude d'un rapport déterminé de cette manière, il faut reconnaître la probabilité qu'on aurait, en le prenant pour mesure, d'obtenir une autre fois ce même résultat, dans le même nombre d'expériences; ce qui ramène au problème précédent. Or le résultat de 5o expériences, qui donne un rapport approché du rapport exact connu d'avance, n'aurait qu'une très faible probabilité exprimée par $\dfrac{23034}{100000}$. On ne pourrait donc pas compter sur son exactitude et se borner à un aussi petit nombre d'expériences.

Mais un nombre d'expériences nécessairement beaucoup plus grand entraînerait dans des calculs trop longs. Il est donc nécessaire d'employer un autre moyen.

PROBLÈME XIII.

Au lieu de 50 parties comme dans le problème pré-cédent, nous en supposerons ici 1000. Nous aurons de même $g = 3$, $h = 2$, $k = 200$ *et* $n = 1000$.

Dans la puissance du binome $(g + h)$, dont l'exposant est 1000, le nombre des termes est 1001. Le terme c, dont la valeur est la plus grande, a pour exposans 600 et 400; il est précédé de 400 termes et suivi de 600.

Nous ferons quatre parts des termes de la puissance.

La 1re part se compose du terme c et des 20 termes qui le précèdent. Ces 21 termes représentent les résultats où le rapport du nombre de parties gagnées par A, au nombre de celles gagnées par B, ne sort pas de la limite de 31 à 19.

La 2e part se compose des 20 termes qui suivent le terme c. Ils représentent les résultats où ce rapport ne sort pas de la limite de 29 à 21.

La 3° part se compose des 380 1ers termes de la puissance; ils représentent les résultats où ce rapport sort de la limite de 31 à 19.

La 4e part se compose des 580 derniers termes de la puissance; ils représentent les résultats où ce rapport sort de la limite de 29 à 21.

Après avoir ordonné la suite des termes de la puissance dont la 1re part se compose, en prenant pour les deux 1ers termes, les deux termes les plus éloignés du terme c, et pour dernier terme le terme c, comparons cette suite à une progression géométrique, ayant le même nombre de termes, et pour ses deux 1ers termes, les deux 1ers de cette suite. Le 1er de ces deux termes est celui de la puissance dans lequel les exposans de g et de h sont 620 et 380 ; le 2e, celui dans lequel ils sont 619 et 381. Désignons le 1er par p, le 2e par q, nous aurons (lem. 18) cette proportion...

$$ q : p :: \frac{hk}{hk - z} : \frac{gk}{gk + z + 1}. $$

Faisant des antécédens les conséquens, nous aurons

$$ p : q :: \frac{gk}{gk + z + 1} : \frac{hk}{hk - z}. $$

Par construction $z = 20$; substituant pour g, h, k et z leurs valeurs, nous aurons $p : q :: 2280 : 2484$.

La raison dans la progression géométrique sera $\frac{2484}{2280}$; mais par le lemme 18, dans la suite des termes de la 1re part, dans deux termes consécutifs, la supériorité du second sur le premier ou la raison va en augmentant, plus on se rapproche du terme c, le dernier de cette suite. De là on doit tirer la conséquence que la somme des termes de la 1re part est plus grande que la somme des termes de la progression géométrique à laquelle nous la comparons.

Or, dans cette progression géométrique dont le nombre des termes est 21, la raison $\frac{2484}{2280}$ et le 1er terme p, la somme des termes est $50,87\,p$. Donc la somme des termes de la 1re part a une valeur plus grande que $50,87\,p$.

Dans la 2e part, après en avoir ordonné la suite des termes, en prenant pour les deux 1ers les deux termes les plus éloignés de c, et pour le dernier le terme le plus voisin de c, on la comparera à une progression géométrique, ayant le même nombre de termes, et les deux mêmes 1ers termes. Le 1er de ces deux termes est celui de la puissance dans lequel les exposans de g et de h sont 580 et 420 ; le 2e, celui dans lequel ils sont 581 et 419. Désignons le 1er par p', le 2e par q', nous aurons (lem. 19) cette proportion

$$q' : p' :: \frac{gk}{gk - z} : \frac{hk}{hk + z + 1}$$

ou
$$p' : q' :: \frac{hk}{hk + z + 1} : \frac{gk}{gk - z}.$$

Par construction $z = 19$; substituant pour g, h, k, et z leurs valeurs, nous aurons $p' : q' :: 2324 : 2520$.

La raison dans la progression géométrique sera $\frac{2520}{2324}$; mais (lem. 19) dans deux termes consécutifs de la suite de la 2e part, la supériorité du 2e sur le 1er ou la raison va en augmentant à mesure que l'on se rapproche du terme c. De là suit la conséquence que la somme des termes de la 2e part est plus grande que la somme des termes de la progression géométrique à laquelle on la compare.

Or, dans cette progression dont le nombre des termes est 20, la raison $\frac{2520}{2324}$ et le 1er terme p', la somme des termes est $48,01\ p'$; donc on a la somme des termes de la 2e part $> 48,01 \times p'$.

Dans la 3e part, après avoir ordonné la suite des termes en faisant du 1er terme de la puissance le dernier terme de la suite, et dès deux termes de la puissance dans lesquels les exposans de g et de h sont 621 et 379, 622 et 378 les deux 1ers termes de la suite, ou la comparera à une progression géométrique, ayant le

même nombre de termes et les mêmes deux 1ers termes
que nous désignerons par x et y.

Nous aurons (lem. 18) cette proportion

$$x : y :: \frac{hk}{hk - z} : \frac{gk}{gk + z + 1} ;$$

et si, dans la suite des termes de la 3ᵉ part, on prend
deux termes consécutifs t et v, la supériorité de t sur v
irait en augmentant à mesure que t et v s'approche-
raient plus du 1er terme de la suite ; on aura donc
$x : y > t : v$. De là suit la conséquence que la somme
des termes de la 3ᵉ part sera plus petite que la somme
des termes de la progression dans laquelle deux termes
consécutifs sont toujours $:: x : y$.

Prenons une 2ᵉ progression géométrique ayant le
même nombre de termes, et pour ses deux 1ers termes,
ceux de la puissance dans lesquels les exposans font 620
et 380,621 et 379, termes que nous avons désignés par p
et par x. Dans la 1re progression le rapport des deux 1ers
termes est celui de $x : y$; dans la 2ᵉ progression ce
rapport est celui de $p : x$. Or, par le lemme 18, nous
avons $p : x > x : y$; d'où suit la conséquence que la
somme des termes est plus grande dans cette 2ᵉ progression que dans la 1re, la somme des termes dans la
1re progression est plus grande que dans la 3ᵉ part ;
donc *à fortiori*, la somme des termes dans la 2ᵉ progression sera plus grande que dans la 3ᵉ part.

Par le lemme 18, $p : x :: \frac{hk}{hk - z} : \frac{gk}{gk + z + 1}$.

Par construction $z = 20$; mettant pour g, h, k et z leurs
valeurs, il vient $p : x :: 2484 : 2280$.

Or, dans cette 2ᵉ progression, dont le nombre des
termes est 380, le 1er terme p et la raison $\dfrac{2280}{2484}$, la

somme des termes est $12,12\,p$; donc on a la somme des termes de la 3e part $< 12,12\,p$.

Dans la 4e part, on démontrerait de même, à l'aide du lemme 49, que la somme de ses termes est plus petite que la somme des termes d'une progression géométrique, qui a le même nombre de termes 580 et pour ses deux 1ers termes, les termes de la puissance dans lesquels les exposans de g et de h sont 580 et 420, 579 et 421.

On trouvera que la somme des termes de cette progression est $12,60\,p'$.

D'où l'on tirera la conséquence que l'on a la somme des termes de la 4e part $< 12,60\,p'$.

En résumé, en 1000 parties, les résultats de la 1re des quatre parts que nous avons faites, par lesquels le rapport du nombre des parties gagnées par A au nombre de celles gagnées par B se trouve dans les limites assignées, sont aux résultats de 3e part, par lesquels ce rapport sort de ses limites, comme une quantité plus grande que $50,87\,p$ est à une quantité plus petite que $12,12\,p$, ou qu'une quantité plus grande que 5087 à une quantité plus petite que 1212.

Les résultats de la 3e part, par lesquels le rapport des parties gagnées par A et par B se trouve renfermé dans les limites assignées, sont aux résultats de la 4e part, par lesquels ce rapport sort de ces limites, comme une quantité plus grande que $48,01\,p'$ est à une quantité plus petite que $12,60\,p'$, ou comme une quantité plus grande que 4801 est à une quantité plus petite que 1260.

Par conséquent, en 1000 parties, les résultats par lesquels le rapport des parties gagnées par A et de celles gagnées par B est renfermé dans les limites, sont aux résultats par lesquels ce rapport sort de ces limites, comme une quantité plus grande que 5087 + 4801 ou 9888 est à une quantité plus petite que 1212 + 1260 ou que 2472.

Donc enfin la probabilité d'avoir en 1000 parties un résultat approché du rapport des chances de A et de B en une partie a pour expression $\frac{9888}{12360}$, ou 0,7959, ou $\frac{79590}{100000}$, et (prob. 12) les probabilités en 50 et en 1000 parties sont comme 23024 : 79590.

THÉORÈME 6.

Chaque fois que l'on doublera le nombre des parties, la probabilité d'obtenir par leur résultat un rapport approché des chances de A et de B en une partie deviendra de plus grande en plus grande. Or, comme on peut doubler indéfiniment le nombre des parties, la probabilité d'obtenir par leur résultat ce rapport, peut elle-même approcher de la certitude d'aussi près qu'on le voudra. Ainsi une détermination *à posteriori* du rapport des chances de A et de B en une partie, peut avoir le même degré de certitude qu'une détermination *à priori*.

Ce théorème se démontrera à l'aide des deux lemmes suivans :

LEMME 20.

Si dans les deux puissances du binome $(g + h)$ qui ont pour exposans $(gk + hk)$ $(2gk + 2hk)$ ou n et $2n$, nous prenons, à la gauche du terme c, le nombre de termes z, et à la gauche du terme c', le nombre de termes $2z$, appelant p et q le terme le plus éloigné du terme c, et celui qui le précède; appelant p' et q' le terme le plus éloigné du terme c' et celui qui le précède, par le lemme 18 nous avons dans la puissance n cette proportion $q : p :: \dfrac{hk}{hk - z} : \dfrac{gk}{gk + z + 1}$,

proportion que nous mettrons sous cette autre forme

$$p : q :: \dfrac{2gk}{2gk + 2z + 2} : \dfrac{2hk}{2hk - 2z}.$$

Dans la puissance $2n$, nous aurons cette proportion,

$$q' : p' :: \dfrac{2hk}{2hk - 2z} : \dfrac{2gk}{2gk + 2z + 1},$$

ou $p' : q' :: \dfrac{2gk}{2gk + 2z + 1} : \dfrac{2hk}{2hk - 2z}.$

De ces deux proportions on tire

$$\frac{p}{q} : \frac{p'}{q'} :: 2gk + 2z + 2 : 2gk + 2z + 1.$$

Or, lorsque k est un nombre élevé, les deux termes de ce dernier rapport sont sensiblement égaux.

Donc, dans les puissances n et $2n$, à des distances z et $2z$ à la gauche des termes c et c', il y a le même rapport entre un terme et celui qui le précède.

LEMME 21.

Si nous prenons à la droite du terme c le nombre de termes z; à la droite du terme c', le nombre de termes $2z$, par le lemme 19 nous avons ces proportions dans la puissance n,

$$p : q :: \dfrac{gk}{gk - z} : \dfrac{hk}{hk + z + 1},$$

ou $p : q :: \dfrac{2gk}{2gk - 2z} : \dfrac{2hk}{2hk + 2z + 2}.$

Dans la puissance $2n$,

$$p' : q' :: \frac{2gk}{2gk - 2z} : \frac{2hk}{2hk + 2z + 1}.$$

De ces deux proportions on tire

$$\frac{p}{q} : \frac{p'}{q'} :: 2hk + 2z + 2 : 2hk + 2z + 1.$$

Or, lorsque k est un nombre élevé, les deux termes du dernier rapport sont sensiblement égaux.

Donc dans les puissances n et $2n$, à des distances z et $2z$ à la droite des termes c et c', il y a le même rapport entre un terme et celui qui le précède.

COROLLAIRE.

Dans le problème 13 nous avons pris la puissance du binome $(3+2)$, dont l'exposant était 1000 ou n. Nous allons ici lui comparer la puissance du même binome dont les exposans sont 2000 ou $2n$. Dans la puissance $2n$ nous ferons comme dans la puissance n, quatre parts des termes de la puissance.

La 1re part se composera du terme c' et des 40 termes qui le précèdent;

La 2e part des 40 termes qui suivent le terme c';

La 3e part des 760 premiers termes de la puissance;

La 4e part des 1160 derniers termes de la puissance.

Dans la puissance $2n$ nous ordonnerons les termes dont les deux premières parts sont composées, comme dans la puissance n (prob. 13), en prenant les deux termes les plus éloignés du terme c' pour les deux premiers de la suite des termes dont cette part se compose.

Dans les puissances du binome que nous comparons, les exposans sont n et $2n$. Dans la 1re et la 3e part que nous avons faite des termes de ces deux puissances, les distances de leur 1er terme aux termes c et c' sont z et $2z$. Donc, par le lemme 20, dans les 1re et 3^e parts que nous avons faites des termes de la puissance n et de la puissance $2n$, leurs deux 1ers termes ont le même rapport.

Dans la 2e et 4e part, les distances de leur 1er terme aux termes c et c' sont z et $2z$. Donc, par le lemme 21, dans les 2e et 4e parts des termes de la puissance n et de la puissance $2n$, leurs deux 1ers termes ont le même rapport.

En appliquant à la puissance $2n$ les mêmes raisonnemens qu'à la puissance n, nous serons conduits à comparer la somme des termes de la 1re part dans la puissance $2n$, à la somme des termes d'une progression géométrique croissante, dont les deux 1ers termes sont dans le même rapport que les deux 1ers termes de la progression à laquelle, dans la puissance n, nous avons comparé la somme des termes de sa 1re part ; mais, dans la progression que nous comparerons à la 1re part que nous avons faite des termes de la puissance $2n$, nous prendrons la somme d'un nombre de termes double de celui dont nous avons pris la somme dans la progression que nous avons comparée à la 1re part des termes de la puissance n.

Il en sera de même à l'égard de la 2e part dans la puissance $2n$ et dans la puissance n.

Nous serons aussi conduits à comparer dans la puissance $2n$ la somme des termes de la 3e part à la somme des termes d'une progression géométrique décroissante, dont les deux 1ers termes sont dans le même rapport que les deux 1ers termes de la progression à laquelle, dans la puissance n, nous avons comparé la somme des termes de sa 3e part ; mais nous prendrons dans la 1re de ces progressions un

5..

nombre de termes double dé celui que nous avons pris dans la 2ᵉ de ces progressions.

Il en sera de même à l'égard de la 4ᵉ part dans la puissance $(2n)$ et dans la puissance n.

Cela posé, dans une progression géométrique croissante, dont les deux 1ᵉʳˢ termes sont e et d et dont la raison est $\frac{d}{e}$, on a $d > e$. Si dans cette progression on prend un nombre de termes m et un nombre de termes double, ou $2m$, appelant s la somme du nombre de termes m, s' la somme du nombre de termes $(2m)$, on a $s' > 2 \times s$.

Au contraire, dans une progression géométrique décroissante, dont la raison est $\frac{d}{e}$, on a $d < e$, et si l'on y prend un nombre de termes m' et un nombre de termes double ou $2m'$, appelant s'' la somme du nombre des termes m', et s''' la somme du nombre des termes $2m'$, on a $s''' < 2s''$.

Or, les chances que l'on a pour que dans un nombre de parties le nombre de celles gagnées par A soit au nombre de celles gagnées par B dans le rapport approché des chances de A et de B en une partie, sont représentées par s pour le nombre n de parties, par s' pour le nombre $2n$ de parties.

Les chances contraires sont représentées par s'' et s'''.

Ainsi, en doublant le nombre des parties, le nombre des chances favorables fait plus que doubler, et le nombre des chances contraires fait moins que doubler.

Donc la probabilité d'une chance favorable augmente chaque fois que l'on double le nombre des parties, et cette probabilité peut ainsi approcher de la certitude d'aussi près qu'on le voudra. Ce corollaire est une démonstration du théorème précédent.

PROBLÈME XIV.

Si dans un nombre de numéros n *on désigne un nombre* p *de numéros, quel est le nombre* x *de numéros qu'il faut tirer pour qu'il y ait égale probabilité que tous les numéros désignés sortiront ?*

Si tous les numéros désignés se rencontrent dans cette portion x des numéros, en prenant toutes les permutations de l'exposant p de ce nombre x de numéros, la permutation qui se compose de tous les numéros désignés sera une de ces permutations.

Or, d'une part, cette probabilité a pour expression (théor. 1er) le nombre des permutations de l'exposant p d'un nombre x de lettres, divisé par le nombre des permutations du même exposant p d'un nombre n de lettres.

D'une autre part, cette probabilité doit avoir pour expression $\frac{1}{2}$.

Nous aurons donc cette équation

$$\frac{x.(x-1).(x-2)\ldots x-(p-1)}{n.(n-1).(n-2)\ldots n-(p-1)} = \frac{1}{2},$$

Cette équation sera du degré p.

Si l'on avait demandé quel nombre de numéros il faudrait tirer, pour qu'il y eût égale probabilité qu'aucun des numéros désignés ne sortira, ce nombre serait celui des numéros resté dans la roue dans l'autre question et aurait pour expression $n - x$.

COROLLAIRE.

Le problème précédent trouverait son application, si, ayant à vérifier l'exactitude d'un grand nombre de faits, ou un compte renfermant un grand nombre d'articles de recette et de dépense, on voulait savoir quel nombre de faits ou d'articles du compte il serait nécessaire d'avoir vérifié pour être en droit de conclure, les ayant trouvés tous exacts, qu'il y a égale probabilité que l'ensemble du compte ou des faits est exact.

Si dans les équations

$$\frac{x \times (x-1) \times (x-2)\ldots(x-p)}{n \times n(-1) \times (n-2)\ldots(n-p)} = \frac{1}{2},$$

on fait $n = 100, p = 1$,   il vient $x = 50$ et $n - x = 50$;

ce n'est donc qu'après avoir vérifié la moitié des faits ou des articles du compte et les avoir trouvés exacts, qu'on a une égale probabilité que l'ensemble des faits ou du compte est exact.

Si dans les mêmes équations on fait $n = 100, p = 2$, il viendra $x = 71$, et $n - x = 29$.

Ce ne sera donc qu'après la vérification de 29 articles du compte qu'on aura une égale probabilité, qu'il ne se trouve pas dans le compte plus de deux articles à rejeter.

PROBLÈME XV.

On demande la probabilité que dans un tirage tous les numéros se suivront dans l'ordre numérique. Ce problème a été proposé par Euler.

Soit c, le nombre absolu des numéros, n le nombre des numéros d'un tirage.

Donnons successivement différentes valeurs au 1er numéro sortant, et au nombre n des numéros sortant dans un tirage.

Faisons d'abord $n = 2$, et pour le 1er numéro sortant prenons (1),

La combinaison des numéros 1 et 2 donnent deux permutations de numéros qui se suivent (1 et 2) (2 et 1). Au numéro (1) substituant le numéro (3), on obtient une autre combinaison et deux autres permutations. En continuant de la même manière on arrivera au numéro c le plus élevé par un nombre $(c-1)$ de substitutions qui donnent $(c-1)$ de combinaisons et $2 \times (c-1)$ de permutations où les numéros se suivent.

Faisons $n = 3$, et pour le 1er numéro sortant prenons encore (1),

La combinaison des numéros (1, 2 et 3) donne deux permutations (1, 2 et 3) (3, 2 et 1) où les numéros se suivent. Au numéro (1) substituant le numéro (4), on obtient une autre combinaison et deux autres permutations. En continuant ainsi, on arrivera au numéro c, le plus élevé par un nombre $(c-2)$ de substitutions, qui donnent un nombre $(c-2)$ de combinaisons et un nombre $2 \times (c-2)$ de permutations où les numéros se suivent.

Généralement, le nombre des permutations de l'exposant n, où les numéros se suivent dans l'ordre où ils ont été tirés, a pour expression $2 \times (c-n+1)$.

Le nombre entier des permutations de l'exposant n est $c.(c-1).(c-2)\ldots\ldots (c-n+2)(c-n+1)$.

La probabilité dans un tirage d'amener des numéros qui se suivent dans l'ordre où ils ont été tirés, a pour expression

$$\frac{2 \times (c-n+1)}{c.(c-1).(c-2)\ldots\ldots (c-n+2).(c-n+1)};$$

cette expression se réduit à

$$\frac{2}{c.(c-1).(c-2)\ldots\ldots (c-n+2)}.$$

Si l'on n'avait point égard à l'ordre *numérique* dans lequel les numéros sont sortis, alors, dans chaque combinaison de l'exposant *n*, le nombre de permutations de numéros qui peuvent se suivre en les plaçant à volonté serait

$$[n.(n-1).(n-2)\ldots \times 1] \times (c-n+1);$$

et la probabilité dans un tirage d'amener des numéros qui peuvent se suivre en les plaçant à volonté, a pour

$$\text{expression} \quad \frac{n \,.\, (n-1).(n-2)\ldots\ldots\ldots 1}{c \,.\, (c-1).(c-2)\ldots(c-n+2).}$$

PROBLÈME XVI.

La loterie se compose de 90 numéros, un tirage se compose de 5 numéros. On demande en quel nombre de tirages il y a probabilité égale que les 90 numéros de la loterie sortiront.

Ce problème ne diffère du problème 2, que dans le nombre des numéros de la loterie et des numéros sortant dans un tirage. Par la marche suivie dans la solution du problème 2, on aurait à calculer les chances d'un nombre de tirages très grand, pour trouver le nombre de tirages dans lequel la probabilité que tous les numéros de la loterie sortiront, aurait pour expression $\frac{1}{2}$. On aura recours au moyen suivant pour ne pas se jeter dans un pareil calcul.

La probabilité qu'un numéro désigné sortira dans un tirage, a pour expression $\frac{1}{18}$. Si, après plusieurs tirages, le nombre des numéros qui dans l'ordre des probabilités resteront à sortir, est *n*, dans le tirage suivant il est probable que de ce nombre *n* il en sortira le nombre $\frac{n}{18}$.

Sur cette base, nous composerons un tableau dans

lequel la 1re colonne indique le rang du tirage ; la 2e le nombre des numéros qui, lorsqu'on en est à ce tirage, restent à sortir suivant les probabilités ; la 3e indique, sur le nombre des numéros qui restent à sortir lors d'un tirage, le nombre qu'il en doit sortir dans ce tirage ; la 4e indique le nombre des numéros sortis tant dans ce tirage que dans les précédens.

Dans chaque ligne, le terme de la 2e colonne se compose de la différence de 90, au nombre de la 4e colonne dans la ligne supérieure. Nous mettrons dans cette 2e colonne, l'entier le plus approchant de cette différence.

Arrivé dans ce tableau à ce que, suivant les probabilités, il ne reste plus à sortir qu'un seul numéro, ce qui se rencontrera au 73e tirage, on se trouvera dans la position où l'on aurait à résoudre ce problème. Un numéro de la loterie étant désigné, déterminer le nombre de tirages dans lequel il y a probabilité égale que ce numéro sortira. Cette espèce de problème est résolue (prob. 3). Appelant x le nombre cherché, on a cette équation

$$x = \frac{\log. \ 2}{\log. \ 90 - \log. \ 85} = \frac{0,301030}{0,024824},$$

qui donne en nombres entiers $x > 12$ et $x < 13$. Au nombre des tirages précédens, ajoutant 12 ou 13, nombre des tirages subséquens, on conclura qu'il y a à parier un peu plus de 1 contre 1, que tous les numéros sortiront en 85 tirages et moins de 1 contre 1, qu'ils sortiront en 84 tirages.

1	2	3	4	1	2	3	4	1	2	3	4
1	90	5	5	25	23	1 5/18	68 8/18	49	6	6/18	84 9/18
2	85	4 13/18	9 13/18	26	22	1 4/18	69 12/18	50	5	5/18	84 14/18
3	80	4 8/18	14 3/18	27	20	1 2/18	70 14/18	51	5	5/18	85 1/18
4	76	4 4/18	18 7/18	28	19	1 1/18	71 15/18	52	5	5/18	85 6/18
5	72	4	22 7/18	29	18	1	72 15/18	53	5	5/18	85 11/18
6	68	3 14/18	26 3/18	30	17	17/18	73 14/18	54	4	4/18	85 15/18
7	64	3 10/18	29 13/18	31	16	16/18	74 12/18	55	4	4/18	86 1/18
8	60	3 6/18	33 1/18	32	15	15/18	75 9/18	56	4	4/18	93 5/18
9	57	2 3/18	36 4/18	33	14	14/18	76 5/18	57	4	4/18	86 9/18
10	54	2	39 4/18	34	14	14/18	77 1/18	58	3	3/18	86 12/18
11	51	2 15/18	42 1/18	35	13	13/18	77 14/18	59	3	3/18	86 15/18
12	48	3 12/18	44 13/18	36	12	12/18	78 8/18	60	3	3/18	87
13	45	3 9/18	47 4/18	37	12	12/18	79 2/18	61	3	3/18	87 3/18
14	43	2 7/18	49 11/18	38	11	11/18	79 13/18	62	3	3/18	87 6/18
15	40	2 4/18	51 15/18	39	10	10/18	80 5/18	63	3	3/18	87 9/18
16	38	2 2/18	53 17/18	40	10	10/18	80 15/18	64	2	2/18	87 11/18
17	36	2	55 17/18	41	9	9/18	81 6/18	65	2	2/18	87 13/18
18	34	1 16/18	57 15/18	42	9	9/18	81 15/18	66	2	2/18	87 15/18
19	32	1 14/18	59 11/18	43	8	8/18	82 5/18	67	2	2/18	87 17/18
20	30	1 12/18	61 5/18	44	8	8/18	82 13/18	68	2	2/18	88 1/18
21	29	1 11/18	62 16/18	45	7	7/18	83 2/18	69	2	2/18	88 3/18
22	27	1 9/18	64 7/18	46	7	7/18	83 9/18	70	2	2/18	88 5/18
23	26	1 8/18	65 15/18	47	6	6/18	83 15/18	71	2	2/18	88 7/18
24	24	1 6/18	67 3/18	48	6	6/18	84 3/18	72	2	2/18	88 9/18
								73	1	1/18	88 11/18

Remarque sur le Problème XVI.

[Dans son Traité des probabilités, Laplace a résolu le même problème.

Appelant u le nombre des numéros de la loterie, t le nombre des numéros d'un tirage, x le nombre des tirages dans lequel il y a probabilité égale que tous les numéros sortiront, il est arrivé à l'équation

$$x = \frac{\log. \ (\sqrt[u]{2} : \sqrt[u]{2} - 1}{\log. \ (u : u - t)}.$$

Faisant $u = 90$, $t = 5$, on a les valeurs suivantes :

$$\log. 2 = 0,3010300,$$

$$\log. \sqrt[90]{2} = 0,0033666$$

qui répond au nombre $1,00778$.

$$\sqrt[90]{2} - 1 = 0,00778,$$

$$\log. 0,00778 = 7,8909796,$$

$$\log. \sqrt[90]{2} : \sqrt[90]{2} - 1 = 10,0033666 - 7,8909796$$
$$= 2,1123870,$$

$$\log. \frac{90}{85} = 0,0248236,$$

Substituant ces valeurs dans l'équation ci-dessus, il

vient $\qquad x = \dfrac{2,1123870}{0,0248236} = 85,16.$

Si l'on applique cette formule au cas où 2 serait le nombre des numéros de la loterie, 1 le nombre des numéros d'un tirage, cas dans lequel il est évident qu'il y a probabilité égale que les deux numéros de la loterie sortiront en deux tirages, on devrait trouver $x = 2$.

Cependant si l'on fait $u = 2$, $t = 1$, on trouvera les valeurs suivantes :

$$\log. \sqrt{2} = 0,1505150,$$

qui répond au nombre $1,4142$;

$$\sqrt{2} - 1 = 0,4142,$$

$$\log. \ 0,4142 = 9,6172101,$$

$$\log. \left(\sqrt{2} : \sqrt{2} - 1 \right) = 10,1505150 - 9,6172101$$
$$= 0,5333049,$$

$$\log. \frac{2}{1} = 0,3010300.$$

Substituant ces valeurs dans la formule, il vient $x = \dfrac{0,5333049}{0,3010300} = 1,7698$, d'où il paraît résulter qu'il y aurait avantage sensible, et non égalité, à parier que les deux numéros de la loterie sortiront en deux tirages.

En effet, si en accouplant deux tirages consécutifs, il y avait probabilité égale que dans 177 tirages les deux numéros de la loterie sortiraient 50 fois en deux tirages consécutifs, dans 200 tirages les deux numéros de la loterie auraient à sortir 56 fois en deux tirages consécutifs. Ainsi en pariant 1 contre 1, A que les deux numéros de la loterie sortiront en deux tirages consécutifs, B qu'ils ne sortiront pas; dans l'ordre des probabilités, A devrait gagner 56 fois, B ne gagner que 44 fois, et en résultat B serait en perte de 12 paris.]

PROBLÈME XVII.

Jouant l'extrait à la loterie et faisant une mise de trois francs, la placera-t-on sur un seul numéro, ou la distribuera-t-on également sur trois numéros dans le même tirage, ou sur un numéro dans trois tirages successifs ?

La loterie donne à celui qui a joué sur un des numéros sortant, outre sa mise qu'elle lui rend, une prime de 14 fois cette mise.

Or, 1°. la mise entière étant placée sur un seul numéro, la probabilité que ce numéro sortira, a pour expression $\dfrac{5}{90}$; l'expectative de cette éventualité a pour valeur

$$\frac{5}{90} \times 3 \times 14^f = 2^f,3333\ldots$$

2°. La mise étant également distribuée sur trois numéros dans le même tirage, la probabilité qu'il en sortira un des trois, a pour expression $\dfrac{5}{90} \times 3$; l'expectative de cette éventualité a pour valeur

$$\frac{5}{90} \times 3 \times 14 = 2^f,3333\ldots$$

La probabilité qu'il en sortira deux est.......
$\dfrac{5}{90} \times \dfrac{4}{89} \times \dfrac{3.2}{1.2}$; l'expectative de cette éventualité a pour valeur

$$\frac{5}{90} \times \frac{4}{89} \times \frac{3.2}{1.2} \times 2 \times 14^f = 0^f,2096.$$

La probabilité qu'ils sortiront tous les trois est
$\dfrac{5}{90} \times \dfrac{4}{89} \times \dfrac{3}{88}$; l'expectative de cette éventualité a

pour valeur

$$\frac{5}{90} \cdot \frac{4}{89} \cdot \frac{3}{88} \times 3 \times 14^f = 0^f,0035.$$

La somme des valeurs de ces trois expectatives, ou la valeur de l'expectative que donne cette mise, est $2^f,5464$.

3°. La mise étant également distribuée sur un numéro dans trois tirages successifs, la probabilité que dans ces trois tirages un des numéros sortira, est $\frac{5}{90} \times 3$; l'expectative de cette éventualité a pour valeur

$$\frac{5}{90} \times 3 \times 14^f = 2^f,333\,3\ldots$$

La probabilité que deux de ces numéros sortiront dans les trois tirages, est $\frac{5}{90} \times \frac{5}{90} \times \frac{3 \times 2}{1.2}$; l'expectative de cette éventualité a pour valeur

$$\frac{5}{90} \times \frac{5}{90} \times \frac{3 \times 2}{1 \times 2} \times 2 \times 14^f = 0^f,2596.$$

La probabilité que le numéro qu'on a mis sortira dans chacun des trois tirages , est $\frac{5}{90} \times \frac{5}{90} \times \frac{5}{90}$; l'expectative de cette éventualité a pour valeur

$$\frac{5}{90} \times \frac{5}{90} \times \frac{5}{90} \times 3 \times 14^f = 0^f,0072.$$

La somme des valeurs de ces trois expectatives, ou la valeur de l'expectative que donne cette dernière mise, est $2^f,6001$.

Les valeurs des expectatives que donnent ces trois différentes mises sont donc, $2^f,3333$, $2^f,5464$, $2^f,6001$.

Ainsi de ces trois manières de placer sa mise, la moins désavantageuse est de la distribuer sur trois numéros dans trois tirages successifs ; mais de toute manière, la valeur de l'expectative se trouve inférieure à la mise,

DÉFINITION.

L'expectative d'un joueur est la somme qu'il peut gagner, multipliée par l'expression de la probabilité qu'il a de la gagner.

PROBLÈME XVIII.

A, B, C et D jouent successivement l'un contre l'autre. Le gagnant reste au jeu. Chaque fois qu'un des joueurs entre au jeu, il paye une nouvelle mise. La somme des enjeux est acquise à celui qui a gagné successivement tous les autres. Les joueurs, après plusieurs parties, conviennent de cesser le jeu et de partager les enjeux. On demande dans quelle proportion doit se faire le partage entre eux ?

Au moment où la partie se rompt, elle se trouve nécessairement dans l'une ou l'autre de ces deux positions.

1er Cas : un des joueurs C vient de gagner successivement A d'abord, ensuite B, il ne lui reste plus que D à gagner.

2e Cas : B vient de gagner A, il a encore à gagner C d'abord, ensuite D.

Appelons m la mise que l'on paye chaque fois qu'on entre au jeu, S la somme des enjeux, lorsque la partie est rompue, observant que cette somme doit se composer non seulement des mises de ceux qui ont été et qui sont au jeu, mais encore des mises des joueurs qui ont encore nécessairement à rentrer au jeu, avant que la partie puisse finir.

Dans le 1er cas, désignons dans le partage les parts de A, de B, de C et de D par les fractions

$$\frac{1}{p}, \ \frac{1}{q}, \ \frac{1}{r}, \ \frac{1}{t}.$$

Dans le 2^c cas, désignons les parts de A, de B, de C, de D, par les fractions

$$\frac{1}{x}, \ \frac{1}{y}, \ \frac{1}{z}, \ \frac{1}{v}.$$

Commençons par déterminer dans le 1er cas la part de C.

La partie générale se continuant, C pouvait perdre ou gagner la partie qu'il allait jouer avec B. La probabilité de l'une ou de l'autre de ces deux éventualités a pour expression $\frac{1}{2}$. Par le gain de cette partie, la somme S des enjeux était acquise à C, expectative dont la valeur est $\frac{1}{2}$ S. La perte de cette partie aura ces deux résultats, le 1er de donner à rentrer au jeu à A et à B, ce qui porterait la somme des enjeux à $(S + 2\,m)$; le 2^c de placer C dans la position respective de A au second cas, où sa part dans la somme des enjeux serait $\frac{1}{x}$. Cette 2^c éventualité donne à C l'expectative $\frac{1}{2} \times (S + 2m) \times \frac{1}{x}$. Or, dans le partage, la part de C $\left(\frac{1}{r}\right)$ est la somme de ces deux expectatives, ce qui donne cette 1re équation

$$\frac{1}{r} = \frac{1}{2}S + (S + 2m) \times \frac{1}{2} \times \frac{1}{x}.$$

Pour les autres joueurs, la perte de cette partie a les résultats de faire rentrer au jeu A et B, de les obliger à payer une autre mise, ce qui pour eux a la valeur négative $(-m)$; de porter la somme des enjeux à $(S + 2m)$, enfin d'amener la partie générale dans la position du 2e cas, avec cette différence que les joueurs, au lieu d'être dans l'ordre A, B, C, D, sont dans l'ordre D, C, A, B ; ce qui donne à D l'expectative

$$\frac{1}{2}(S + 2\,m) \times \frac{1}{y},$$

à B l'expectative

$$\frac{1}{2} \times (-m) + \frac{1}{2} \times (S + 2m) \times \frac{1}{v};$$

à A l'expectative

$$\frac{1}{2} \times (-m) + \frac{1}{2} \times (S + 2m) \times \frac{1}{z};$$

et ce qui, pour déterminer dans le partage les parts de D $\frac{1}{t}$, de B $\frac{1}{q}$, de A $\frac{1}{p}$, donne les 3 autres équations

$$S \times \frac{1}{t} = \frac{1}{2} \times (S + 2m) \times \frac{1}{y};$$

$$S \times \frac{1}{q} = \frac{1}{2} \times (-m) + \frac{1}{2} \times (S + 2m) \times \frac{1}{v};$$

$$S \times \frac{1}{p} = \frac{1}{2} \times (-m) + \frac{1}{2} \times (S + 2m) \times \frac{1}{z}.$$

Passons au 2e Cas.

B peut perdre ou gagner la partie qu'il va jouer avec C ; s'il la gagne, on tombe dans la position du 1er cas, avec cette différence que l'ordre des joueurs y est changé, et qu'au lieu de A, B, C, D, il est A, C, B, D. Cette éventualité donne l'expectative

$$\text{à B } \frac{1}{2} \times S \times \frac{1}{r}, \text{ à D } \frac{1}{2} \times S \times \frac{1}{t}, \text{ à A } \frac{1}{2} \times S \times \frac{1}{p}, \dots$$

$$\text{à C } \frac{1}{2} \times S \times \frac{1}{q}.$$

Si B perd la partie qu'il joue avec C, cette éventualité a pour résultats de faire rentrer au jeu A, de l'obliger à payer une nouvelle mise, ce qui a pour lui la valeur négative — m, de porter la somme des enjeux à S$+m$. Du reste, la position de la partie générale est encore la même, avec la seule différence que l'ordre des joueurs y est changé, et qu'au lieu d'être A, B, C, D, il est B, C, D, A; ce qui donne cette 2e expectative à B

$$\frac{1}{2} \times (S + m) \frac{1}{x},$$

à C

$$\frac{1}{2} \times (S + m) \times \frac{1}{y},$$

à D

$$\frac{1}{2} \times (S + m) \frac{1}{z},$$

à A

$$\frac{1}{2} \times (- m) + \frac{1}{2} \times (S + m) \frac{1}{v};$$

et ce qui, pour déterminer dans le partage les parts de B $\frac{1}{y}$, de C, $\frac{1}{z}$, de A, $\frac{1}{x}$, de D, $\frac{1}{v}$, donne ces quatre dernières équations :

$$S \times \frac{1}{y} = \frac{1}{2} \times S \times \frac{1}{r} + \frac{1}{2} \times (S + m) \times \frac{1}{x},$$

$$S \times \frac{1}{v} = \frac{1}{2} \times S \times \frac{1}{t} + \frac{1}{2} \times (S + m) \times \frac{1}{z},$$

$$S \times \frac{1}{x} = \frac{1}{2} \times S \times \frac{1}{p} + \frac{1}{2} \times (- m) + \frac{1}{2} \times (S + m) \times \frac{1}{v},$$

$$S \times \frac{1}{z} = \frac{1}{2} \times S \times \frac{1}{q} + \frac{1}{2} \times (S + m) \times \frac{1}{y}.$$

Nous avions huit inconnues, nous avons le même nombre d'équations. Le reste de la solution du problème se réduit ainsi à de simples substitutions.

COROLLAIRE.

Après la 1re partie que l'on joue, un des joueurs a

une partie de gain, un autre entre au jeu. Il y a retour à cette position de la partie générale, toutes les fois que celui qui avait une ou plusieurs parties de gain, perd celle qu'il joue. Si k est le nombre des joueurs, le gain de la partie générale ne sera acquis à celui qui a déjà une partie de gain, que s'il gagne encore de suite le nombre $(k-2)$ de parties. Par le théorème 1er, cette éventualité a pour expression de sa probabilité $\dfrac{1}{2^{k-2}}$. Par le corollaire du théorème 4, l'éventualité contraire, ou celle d'un retour de la partie générale à la même position, a pour expression

$$\frac{2^{k-2}-1}{2^{k-2}}.$$

Si l'on demande en combien de retours, il y a probabilité égale que la partie générale sera gagnée, dans l'équation du problème 3... $n = \dfrac{\log 2}{\log(a+b)-\log b}$, où n sera le nombre demandé, nous aurons........ $a+b=2^{k-2}, b=2^{k-2}-1$; substituant ces valeurs, il vient

$$n = \frac{\log 2}{\log 2^{k-2}-\log(2^{k-2}-1)}.$$

Si la partie se jouait entre 10 personnes, nous ferions $k = 10$, ce qui donnerait $n = 177$.

Ou peut demander combien, dans l'ordre des probabilités, il doit y avoir de parties simples entre un retour et un autre retour.

Entre deux retours, il peut y avoir un nombre de parties plus ou moins grand. Ces différens nombres sont $k-3, k-4, k-5\ldots k-(k-1)$. Par le théorème 1er, ces différentes éventualités ont pour

6..

expression de leurs probabilités $\dfrac{1}{2^{k-3}}, \dfrac{1}{2^{k-4}} \cdots \dfrac{1}{2^{k-(k-1)}}$,

ou $\dfrac{2^3}{2^k} \times \dfrac{2^4}{2^k}, \dfrac{2^5}{2^k} \cdots \dfrac{1}{2}$. L'expectative du nombre de parties que donnent toutes ces éventualités a pour expression

$$(k-3) \times \dfrac{2^3}{2^k} + (k-4) \times \dfrac{2^4}{2^k} + (k-5) \times \dfrac{2^5}{2^k} \cdots 1 \times \dfrac{1}{2},$$

dont la valeur, lorsqu'on fait $k = 10$, est $\dfrac{1996}{1024}$.

Nous venons de voir que dans la position où l'un des joueurs qui est au jeu a une partie de gain, où l'autre entre au jeu, il y avait, dans la partie générale, probabilité de 177 retours à cette position. Il y aurait donc, dans la partie générale, probabilité d'un nombre de parties qui a pour expression

$$177 \times \dfrac{1996}{1024} = 341.$$

Ainsi à la suite de la 1re partie, ou d'un retour à la même position de la partie générale, il est probable qu'il se jouera 341 parties simples avant que la partie générale soit gagnée.

PROBLÈME XIX.

Une urne contient neuf boules blanches et une seule boule noire ; on tire de cette urne une boule que l'on y remet ; la même chose se répète cinq fois dans ces cinq tirages : déterminer la probabilité d'obtenir en majorité des boules blanches.

Représentons par a l'éventualité de tirer une boule blanche, par b l'éventualité de tirer une boule noire. Les chances de toutes les éventualités de ces cinq tirages seront représentées par la 5e puissance du binome $(a + b)$, savoir :

$$a^5 + 5\,a^4 b + 10\,a^3 b^2 + 10\,a^2 b^3 + 5\,a b^4 + b^5.$$

La probabilité de l'éventualité d'amener dans un tirage une boule blanche, ayant pour expression $\frac{9}{10}$, et la probabilité de l'éventualité d'amener une boule noire $\frac{1}{10}$, nous ferons $a = \frac{9}{10}$, $b = \frac{1}{10}$; substituant ces valeurs de a et de b dans les termes de la puissance a^5, $5\,a^4 b$, $10\,a^3 b^2$, lesquels expriment le nombre des chances des éventualités qui donnent en majorité des boules blanches, nous aurons

$$a^5 + 5\,a^4 b + 10\,a^3 b^2 = \frac{99144}{100000}.$$

Il y aurait donc 99144 à parier contre 856, ou plus de 100 contre 1, qu'on aura en majorité des boules blanches.

TROISIÈME PARTIE.

DES ANNUITÉS.

Définition.

L'annuité est une somme que l'on paie tous les ans au commencement de l'année, et qui, avec les intérêts, est remboursable en un seul paiement à l'expiration de la dernière année stipulée au contrat.

L'amortissement est une somme que l'on ajoute à l'intérêt d'un capital emprunté, par le paiement de laquelle on finit par se trouver libéré.

PROBLÈME Ier.

Soit r *le taux de l'intérêt,* a *l'annuité,* n *le nombre d'années stipulées au contrat,* s *la somme remboursable à l'expiration de la dernière année. Deux de ces trois quantités* a, n, s *étant données, déterminer la troisième.*

Par l'accroissement de l'intérêt, l'annuité payée au commencement de la 1re année représente à son expiration la valeur $a \times (1 + r)$, à l'expiration de la 2e année la valeur $a \times (1 + r)^2$, et à l'expiration de la dernière année la valeur $a \times (1 + r)^n$.

L'annuité payée au commencement de la 2e année représentera à l'expiration de la dernière année la valeur $a \times (1 + r)^{n-1}$.

Cela suffit pour voir qu'au terme du paiement la somme des valeurs de toutes les annuités a pour expression le produit de a, par la somme des termes de la progression géométrique

$$\div (1+r)^n : (1+r)^{n-1} : (1+r)^{n-2} \dots : (1+r)^{n-n(-1)}$$

Or, la somme de cette progression a pour expression

$$\frac{(1+r)^{n-1} - (1+r)}{r};$$

ce qui donne cette 1re équation

$$s = \frac{a}{r} \times [(1+r)^{n+1} - (1+r)],$$

de laquelle on tire ces deux autres équations

$$a = \frac{sr}{(1+r)^{n+1} - (1+r)},$$

$$n = \frac{\log. [sr + a(1+r)] - \log. a}{\log. (1+r)} - 1.$$

PROBLÈME II.

On a attaché à l'emprunt d'un capital de 100000^f un amortissement de 1 p. ⁰⁄₀. On demande le temps dans lequel la libération sera opérée ?

La somme destinée à l'amortissement est de 1000^f par an. Mais, au lieu de la payer au commencement de l'année, le 1er paiement ne se fait qu'à l'expiration du 1er semestre et n'est que de la moitié de l'amortissement. Les paiemens vont ensuite en se continuant sur le même pied de semestre en semestre.

Pour ramener ce problème aux équations du problème précédent, il suffira de prendre pour l'annuité la moitié de l'amortissement et pour intérêts la moitié de l'intérêt annuel. n sera le nombre des paiemens à faire pour arriver à une entière libération. Les paiemens ne commençant que 6 mois après la date de l'emprunt et se continuant de 6 mois en 6 mois, le temps dans lequel on sera libéré, aura pour expression le nombre d'années $\dfrac{n+1}{2}$.

Or, l'équation du problème précédent, qui s'applique à la question proposée, est

$$ n = \frac{\log. \, (sr + a \times 1 + r) - \log. \, a}{\log. \, (1 + r)} - 1 ; $$

faisant dans cette équation

$$ s = 100000^f, \quad r = 0,025, \quad a = 500^f, $$

il vient $n + 1 = \dfrac{\log. \, (2500 + 500 \times 0,025) - \log. \, 500}{\log. \, 1,025}$

$$ = \frac{0,779957}{0,010724} = 72,73 $$

Ce qui donne pour la valeur de $\dfrac{n+1}{2}$ ou du temps
dans lequel on sera libéré, 36 ans 4 mois 12 jours.

PROBLÈME III.

On demande la somme qu'il faudrait donner présentement, pour jouir 10 ans plus tard d'une annuité de 1000^f pendant 20 ans ?

Appelons cette somme s'. A l'expiration de la 10e année cette somme (comme nous venons de le voir, probl. 1er) aura par l'accroissement de l'intérêt la valeur $s' \times (1 + r)^n$. On se trouvera ainsi avoir avancé cette valeur au moment où l'on entrera en jouissance de l'annuité. Par compensation il faut du montant de l'annuité 1000^f déduire l'intérêt de la somme dont on est en avance ; ce qui réduit cette annuité à (1000^f $- s' \times (1 + r)^{10} \times r$).

Or, l'équation du problème 1er, qui s'applique à la question proposée, est

$$s = \frac{a}{r} \times [(1 + r)^{n+1} - (1 + r)].$$

On fera dans cette équation

$$s = s' \times (1+r)^{10}, \quad a = 1000 - s' \times (1+r)^{10} \times r, \quad n = 20.$$

Par ces substitutions, on aura

$$s' \times (1+r)^{10} = \frac{(1000 - s' \times (1+r)^{10} \times r) \times [(1+r)^{21} - (1+r)]}{r} ;$$

d'où l'on tire $s' = 7791^f$.

PROBLÈME IV.

La dépense d'un canal est évaluée un million. Une compagnie en fait l'entreprise, et le gouvernement lui concède pour 100 ans la jouissance du péage qui sera établi sur ce canal. On demande quel est le produit du péage présumé par les parties contractantes ?

La compagnie doit trouver dans le produit du canal l'intérêt et l'amortissement d'un million. Le produit présumé du canal doit être ainsi : $sr + a$, en appelant s le capital d'un million, a l'amortissement. Dans l'équation du problème 1er, $a = \dfrac{sr}{(1+r)^{n+1} - (1+r)}$, on fera $s = 1000000^f$, $r = 0,05$, $n = 100$; ce qui donnera $a = 364,91$.

Le produit présumé du canal est donc 50364^f, 91^c.

Entre le prix d'une concession à perpétuité et d'une concession centenaire, il n'y a de différence que le capital de 364^f, 91^c, ou 7298^f, 20^c.

PROBLÈME V.

L'adjudication de l'entreprise a été mise au rabais. Le rabais portait sur le nombre des années de la concession. Une compagnie, jugeant le devis de l'administration susceptible de réduction, a fait un rabais de 10 années. On demande de quelle réduction sur le devis ce rabais est l'équivalent ?

Appelons s' la somme à laquelle, après réduction, s'élève le devis. Le produit du canal qui est toujours présumé de 50364^f, 91^c, ne doit plus représenter que l'intérêt du capital s', et la somme qu'il faut ajouter à cet intérêt pour amortir ce capital en 90 ans. Ainsi, appelant a' la somme consacrée à l'amortissement, nous avons cette 1re équation

$$s'r + a' = 5o364^f,91^c,$$

qui donne $a' = 5o364^f,91^c - s'r$. Or, nous avons (prob. 1er) cette autre équation,

$$s' = {}^{a'}\!/_r \times [(1 + r)^{n+1} - (1 + r)],$$

dans laquelle nous ferons

$$a' = 5o364^f,91^c - s'r; \ n = 90.$$

Ce qui donnera $s' = 995431^f$, montant du devis après réduction. Le rabais de 10 années n'est donc que l'équivalent d'un rabais sur le devis de 4569^f : rabais inférieur à $\frac{1}{2}$ p. $\frac{o}{o}$.

Si le rabais était de 5o années, on ferait $n = 5o$; ce qui donnerait, $s' = 919268^f$. Ce rabais de 5o années ne serait que l'équivalent d'un rabais sur le devis de 80732^f : un peu plus de 8 p. $\frac{o}{o}$.

PROBLÈME VI.

D'après l'âge auquel un bois s'exploite, on demande de quel revenu annuel le prix de la coupe est l'équivalent ?

L'âge auquel le bois s'exploite, représente le nombre d'années stipulé dans un contrat d'annuité; le prix de la coupe représente le capital remboursable. Le revenu annuel que l'on cherche, représentera l'annuité.

On appliquera à la question proposée l'équation du prob. 1er

$$a = \frac{sr}{(1 + r)^{n-1} - (1 + r)}.$$

EXEMPLE 1er. Un bois se coupe à l'âge de 100 ans. Le prix de la coupe est 100000^f. On fera $n = 100, s = 100000^f$. L'annuité étant représentative d'un revenu, et toute somme provenant de revenus arriérés étant un valeur mobilière, nous prendrons 5 p. $\frac{o}{o}$ pour le taux de l'intérêt et nous ferons $r = o,o5$. On aura pour le revenu de la propriété $a = 36^f, 49^c$.

Exemple 2ᵉ. Un taillis s'exploite à 20 ans. Le prix de la coupe est 1000ᶠ. On fera $n = 20$, $s = 1000$. On aura $a = 28,81$.

Le fonds a pour expression de sa valeur $\frac{a}{r}$. Pour les valeurs foncières le taux de l'intérêt étant à 3 p. $\frac{o}{o}$, nous ferons ici $r = o,o3$.

Dans l'exemple 1ᵉʳ, la valeur foncière de la propriété est 1216ᶠ, 33. Dans l'exemple 2ᵉ, (920ᶠ, 33ᶜ).

PROBLÈME VII.

Un bois n'étant pas en coupe, on demande la valeur de la superficie?

On commencera par déterminer le revenu de la propriété (prob. 6). On appliquera ensuite à la question proposée l'équation du prob. 1ᵉʳ..................

$$s = \frac{a}{r} \times [(1 + r)^{n+1} - (1 + r)].$$

Prenons pour exemple un taillis qui s'exploite à 20 ans; dont la coupe se vend 1000ᶠ, et qui est âgé de 8 ans. Nous avons (prob. 6, ex. 2) $a = 28,81$, nous ferons $n = 8$; ce qui donnera $s = 288^f, 10^c$, valeur de la superficie à 8 ans. Ainsi à cette époque la valeur de la propriété, fonds et superficie, serait 1208ᶠ,43ᶜ.

PROBLÈME VIII.

Si l'on voulait ne plus exploiter qu'à 30 ans un bois qu'auparavant on exploitait à 20 ans, quel devrait être, pour avoir le même revenu, le prix de la coupe à 30 ans?

Soit 1000^f le prix de la coupe à 20 ans, ce qui (prob. 6, ex. 2) donne $a = 28^f, 81^c$ dans l'équation du problème 1er $s = \dfrac{a}{r} \times [(1 + r)^{n+1} - (1 + r)]$, nous ferons $a = 28,81$, $n = 30$; ce qui donnera $s = 2010^f$, somme à laquelle il faudrait, pour avoir le même revenu, que s'élevât le prix de la coupe en exploitant à 30 ans.

PROBLÈME IX.

Quelle doit être pour l'assiette de l'imposition foncière la base de l'estimation du revenu des bois ?

Le taux de l'imposition est supposé $\frac{1}{10}^e$ du revenu, et il s'agit de l'appliquer à un bois qui s'exploite à l'âge de 20 ans et dont la coupe se vend 1000^f.

Si l'impôt ne s'acquittait qu'à l'époque de la coupe, le propriétaire ayant tous les 20 ans un revenu de 1000^f, aurait à payer tous les 20 ans une imposition de 100^f. Ainsi, lorsque ce propriétaire fera l'avance de l'impôt, les sommes qu'il aura avancées pendant 20 ans, ne doivent représenter en capitaux et intérêts que la somme de 100^f. Ici s'appliquera l'équation du problème 1er $a = \dfrac{sr}{[(1 + r)^{n+1} - (1 + r)]}$, dans laquelle on fera $s' = 100$, $n = 20$, ce qui donnera $a = 2,88$; ce qui s'accorde avec le problème 6, exemple 2, où le revenu de ce bois est porté à 28^f,81^c, imposable à 2^f,88^c.

Or, dans les évaluations cadastrales, c'est le $\frac{1}{20}^e$ du prix de la coupe qu'on prend pour revenu; ce qui le porte à 50^f et l'imposition à 5^f; différence ou surcharge 2^f,12^c, plus de deux cinquièmes.

Pour faire mieux voir le vice de cette évaluation, faisons-en l'application au cas auquel elle paraîtrait le mieux s'adapter, à un bois en coupe réglée qui s'exploite à 20 ans et dont la coupe se vend annuellement 1000^f.

Le prix de la coupe se compose de deux élémens, l'un est le produit du sol : la production ne s'y opère qu'en 20 années. La propriété étant divisée en 20 portions égales, la valeur de la production sur une de ces portions est en 20 ans 1000^f, annuellement 28^{f}81^c; sur les 20 portions de la propriété, ou sur son ensemble, la valeur de la production sera annuellement 576^{f}20^c : c'est là véritablement le produit du sol et ce qui est passible de l'imposition foncière.

Le 2e élément du prix de la coupe est représentatif des intérêts de la valeur de la superficie, ou des bois sur pied, de tout âge, qui couvrent le sol des 19 autres coupes. Cette valeur est mobilière comme le serait, pour le propriétaire d'un champ, la valeur de plusieurs récoltes qu'il aurait conservées dans ses greniers. C'est à cette valeur que s'applique le surplus du prix de la coupe 423^f,80, valeur qui n'est pas passible de l'impôt foncier.

A l'appui de ce raisonnement, nous ajouterons les deux observations suivantes.

Si chacune de ces coupes se trouvait dans les mains de 20 propriétaires différens, chacun d'eux ne pourrait être imposé que sur un revenu de 28^f,81^c. Or, de ce que la même personne réunit dans ses mains ces 20 propriétés, la seule conséquence qu'on en puisse tirer raisonnablement est que cette personne doit payer 20 fois l'impôt que paierait le détenteur d'une seule de ces propriétés.

Enfin, si la base cadrastrale peut s'appliquer à un bois qui s'exploite à 20 ans, on ne peut donner de raison pour qu'elle ne doive pas s'appliquer aussi à un bois qui s'exploite à 100 ans; et si la coupe s'en vendait 100000^f, on en porterait donc le revenu à 1000 et l'impôt à 100^f; or le propriétaire qui aura fait l'avance de l'impôt, doit d'abord trouver dans le prix de la coupe le remboursement de ses avances, capitaux et intérêts. Ici s'applique l'équation du prob. 1er.....

$$s = \frac{a}{r}\,[(1+r)^{n+1} - (1+r)], \text{ dans laquelle on ferait}$$

$a = 100, n = 100$; ce qui donnera $s = 256400^f$. Le propriétaire ayant à prélever cette somme sur le prix de la coupe qui n'est que de 100000^f, se trouverait à découvert de 156400^f; la base cadastrale est donc évidemment inadmissible.

COROLLAIRE.

Ce que nous venons de voir aurait son application au droit d'enregistrement qui se perçoit lors des mutations par vente ou par succession.

Supposons, dans une succession, un bois revenant en futaie, âgé de 70 ans, dont on estime que la coupe à l'âge de 100 ans pourrait se vendre 100000^f. Le revenu de cette propriété (prob. 6, ex. 2) est 36^f,49^c, sa valeur foncière 1216^f,33; de plus elle a une valeur mobilière, celle de sa superficie. On déterminera cette valeur en faisant $a = 36^f,49$, $n = 70$ dans l'équation du prob. 1er $s = \frac{a}{r}\,[(1+r)^{n+1} - (1+r)]$; ce qui donnera $s = 23315^f$. Cette propriété qui, dans la succession, représente une valeur de 24531, doit acquitter le droit de succession, comme immeuble, sur une valeur de 1216^f,33^c; le droit de succession, comme mobilier, sur une valeur de 23315^f.

PROBLÈME X.

Pour assurer aux employés, après 30 ans de service, une retraite égale à la moitié de leur traitement, à quel taux est-il nécessaire de porter la retenue sur leur traitement?

Supposons une administration au moment de son organisation, qu'on y entre à l'âge de 25 ans, et faisons le traitement moyen d'un employé égal à l'unité. La table de mortalité de Duvillars présente 471566 individus de l'âge de 25 ans. Supposons le personnel de l'administration composé de ces 471566 individus. La même table compte 257193 individus de l'âge de 55 ans. C'est le nombre des employés qui, dans l'ordre des probabilités, doivent arriver à la retraite. Ainsi 30 ans après l'organisation, la masse des pensions de retraite se monterait à 128596 traitemens.

Pour faire face à cette charge, il faut que la caisse des retraites ait, en 30 ans, acquis par le versement des retenues un capital dont la rente monte à 128596 traitemens, moins le montant des retenues dans une année. Ici s'applique l'équation du problème 1er,
$$a = \frac{sr}{[(1+r)^{n+1} - (1+r)]},$$
dans laquelle on fera $n = 30$, $s = (128596 - a) \times 20$; ce qui donnera $a = 28653$ traitemens, ce qui répond à $5,94$ p. $\frac{o}{o}$ de la masse 471566 des traitemens.

Ce n'est qu'à l'expiration de la 30e année, qu'une caisse des retraites doit commencer son service; si à cette époque elle est en mesure d'y faire face, ce service se trouvera assuré pour l'avenir.

En effet, par la table de mortalité, on voit que dans la 1re année de sa fondation, il y aurait dans l'administration 6503 remplacemens par suite de décès ; ce qui, à la fin de la 31ᵉ année, donnerait lieu à l'inscription de 3251 nouvelles pensions. Mais, dans le cours de cette 31ᵉ année, les extinctions sur les pensions déjà inscrites s'élèveraient au nombre de 8451, et tous les ans le rapport du nombre des extinctions au nombre des inscriptions de nouvelles pensions irait en croissant.

Si donc on continue à capitaliser, chaque année, la différence de la somme des extinctions à la somme des inscriptions nouvelles, on créera à la caisse des retraites un nouveau capital, et lorsqu'il aura atteint la somme dont le versement annuel représente l'intérêt, la caisse des retraites sera fondée à perpétuité, et l'administration pourrait supprimer la retenue annuelle sur le traitement des employés, ou rentrer dans les avances qu'elle aurait faites à la caisse des retraites s'il y avait lieu.

Ce problème se trouve ici réduit à ses termes les plus simples et résolu sur une grande échelle. On serait donc exposé à beaucoup de mécomptes, si l'on appliquait sa solution à des associations peu nombreuses ; ce qui indique que la première mesure que le gouvernement aurait à prendre, serait de réunir dans une seule caisse toutes les caisses des retraites des différentes administrations.

Mais cette retenue sera évidemment insuffisante, si l'on met d'autres services à la charge de la caisse des retraites, si l'on accorde des retraites anticipées pour cause d'infirmités, des pensions aux veuves et aux enfans. Il faut encore observer que les pensions sont liquidées sur le traitement dont jouit l'employé au moment où il est mis à la retraite, et que ce traitement excède toujours le terme moyen des traitemens sur lesquels cet employé a supporté la retenue pendant son activité. Ainsi l'on ne peut considérer la retenue de 5,94 p. $\frac{0}{0}$ que comme un minimum.

Il y a une autre disposition du réglement pour les caisses des retraites, par laquelle la pension d'un employé s'accroît d'un 60e par année qu'il est resté en activité de service au-delà de 30 ans; mais cette disposition est tout à l'avantage de l'administration.

En effet, soit 600 fr. le traitement dont jouit un employé au temps où il a acquis le droit à la retraite ; en laissant cet employé en activité de service, l'administration n'a point de pension à payer, et profite ainsi de 300 fr. par an. A la vérité, elle contracte tous les ans la dette d'une rente viagère de 10 fr.; mais 10 fr. ne sont que l'intérêt, au denier 30 , de la somme de 300 fr. que l'administration n'a pas eu à payer. Ce résultat est un emprunt viager, au denier 30, sur une tête âgée de plus de 55 ans. L'administration a donc un grand avantage à laisser en activité les employés lorsqu'ils sont encore en état de rendre de bons services et lorsqu'ils préfèrent conserver leur traitement d'activité , à jouir d'une pension de retraite qui n'en est que la moitié.

PROBLÈME XI.

Une rente viagère est constituée sur plusieurs têtes d'âges différens; déterminer la probabilité que cette rente s'éteindra dans une période donnée.

Nous ferons ici usage de la Table de mortalité de Duvillars, publiée tous les ans dans l'*Annuaire*.

Appelons $m, m', m'' \ldots$ le nombre, dans cette table, des individus de l'âge des différentes têtes sur lesquelles la rente a été constituée ; $n, n', n'' \ldots$ le nombre des survivans de chacun de ces âges , à la fin de la période : le nombre des décédés de chacun de ces âges dans le cours de cette période sera $m-n, m'-n',$ $m''-n''$ . . . . .

Par le théorème 1er, la probabilité que, dans la période donnée, la rente s'éteindra, aura pour expression

$$\frac{m-n}{m} \times \frac{m'-n'}{m'} \times \frac{m''-n''}{m''} \ldots$$

EXEMPLE.

La rente étant constituée sur deux têtes, l'une âgée de 20 ans, l'autre âgée de 30 ans ; et la période dans laquelle la rente devra s'éteindre étant de 43 ans, on aura

$$m = 5\text{o}2216, m' = 438183, n = 185600, n' = 89404 ;$$

ce qui donne $m-n = 316616,\ m'-n' = 348779$; et pour l'expression de la probabilité que la rente s'éteindra dans la période de 43 ans,

$$\frac{316616}{5\text{o}2216} \times \frac{348779}{438183}, \text{ ou } \text{o},5\text{o}16.$$

Il y a donc demi-certitude ou probabilité égale que la rente s'éteindra dans la période de 43 ans.

PROBLÈME XII.

Le taux de l'intérêt en perpétuel étant 5 *p.* $\frac{\text{o}}{\text{o}}$*, déterminer le taux de l'intérêt en viager à raison de l'âge de la tête sur laquelle la rente est constituée.*

L'excédant de l'intérêt en viager sur l'intérêt en perpétuel, que l'on aura à payer pendant la vie présumable du rentier, doit amortir dans cet espace de temps le capital emprunté. Or, on déterminera cette durée présumable de la vie du rentier, si, dans la Table de mortalité, après avoir pris le nombre des individus de l'âge de la tête sur laquelle la rente est constituée, on descend à l'âge auquel le nombre des survivans n'est plus que la moitié de ce premier nombre. L'intervalle entre ces deux époques est le nombre d'années pendant lequel l'amortissement agira et la valeur de n dans l'équation $a = \dfrac{sr}{(1+r)^n - 1}$.

Dans cette même équation, faisant $r = 0,05$, $s = 100$, on déterminera la valeur de a; et le taux de l'intérêt en viager aura pour expression $a + rs$.

EXEMPLE 1er. La rente étant constituée sur une tête âgée de 5 ans, on aura $n = 45$; ce qui donne $a = 0,63$, et $a + sr$, ou le taux de l'intérêt en viager, égal à 5,63 p. %.

EXEMPLE 2e. La rente étant constituée sur une tête âgée de 60 ans, on aura $n = 11$; ce qui donne $a = 6,75$, et pour le taux de l'intérêt en viager 11,75 p. %.

QUATRIÈME PARTIE.

DÉFINITION.

Le wisk se joue avec 52 cartes entre quatre personnes, qui se partagent en deux partners. Les cartes se donnent une à une; celui qui donne, retourne la dernière carte et la met dans son jeu. La couleur de la retourne détermine la couleur de l'atout. Dans cette couleur, l'as, le roi, la dame et le valet sont honneurs, ou cartes marquantes. Avant que la dernière carte soit retournée, le jeu comprend 16 cartes susceptibles de devenir des honneurs et 36 cartes non marquantes. Après que la dernière carte a été retournée, le jeu se compose de 4 honneurs et de 48 cartes non marquantes. Après que les cartes sont données, chaque joueur a 13 cartes dans sa main; un côté où deux partners ont 26 cartes dans leurs deux mains. Lorsque deux partners ont dans leurs mains 3 honneurs, ils marquent 2 points ; lorsqu'ils ont dans leur jeu les 4 honneurs, ils marquent 4 points. Chaque main que font deux part-ners, au-delà de 6, compte 1 point. La partie se joue en 10 points. À 8 points, si deux partners ont dans leurs jeux 3 ou 4 honneurs, ils gagnent la partie sans jouer le coup. A 9 points les honneurs ne comp-tent plus, et l'on ne peut plus gagner la partie que par les trics.

COROLLAIRE 1er.

La probabilité de retourner un honneur a pour ex-pression $\frac{16}{52}$. La probabilité de retourner une carte non marquante a pour expression $\frac{36}{52}$.

COROLLAIRE 2.

Lorsque la retourne sera un honneur, pour toute autre carte du jeu, la probabilité qu'elle sera une carte marquante est $\frac{3}{51}$; la probabilité qu'elle sera une carte non marquante sera $\frac{48}{51}$.

Lorsque la retourne sera une carte non marquante, pour toute autre carte du jeu la probabilité qu'elle sera un honneur est $\frac{4}{51}$; la probabilité qu'elle sera une carte non marquante sera $\frac{47}{51}$.

COROLLAIRE 3.

Le côté qui donne les cartes, que nous désignerons par A, a dans son jeu la retourne et 25 autres cartes qui y sont entrées par la distribution des cartes.

Le côté qui coupe, que nous désignerons par B, a dans son jeu 26 cartes, qui y sont toutes entrées par la distribution des cartes.

Une carte marquante venue dans un jeu par la distribution des cartes, peut y être venue ou la première ou la dernière, ou à tout autre rang. Ainsi, lorsqu'il retourne une carte marquante, éventualité dont la probabilité est $\frac{16}{52}$, pour A, la probabilité d'avoir dans son jeu, par la distribution des cartes, une autre carte marquante est $\frac{16}{52} \times \frac{3}{51} \times 25$; lorsque la retourne est une carte non marquante, cette probabilité est $\frac{36}{52} \times \frac{4}{51} \times 25$.

Pour B, cette probabilité est, dans le 1er cas, $\frac{16}{52} \times \frac{3}{51} \times 26$; dans le 2e cas, $\frac{36}{52} \times \frac{4}{51} \times 26$.

Le nombre de permutations dont est susceptible une combinaison composée d'un nombre p de cartes d'une espèce et d'un nombre q de cartes d'une autre espèce, étant généralement

$$\frac{1.2.3\ldots\ldots\ldots p+q}{1.2..p.1.2\ldots\ldots\ldots q},$$

pour A, la probabilité d'avoir dans son jeu, par la distribution des cartes, 2 cartes marquantes, est dans le 1er cas

$$\frac{16}{52} \times \frac{3}{51} \times \frac{2}{50} \times \frac{25}{1} \times \frac{24}{2};$$

dans le 2e cas,

$$\frac{36}{52} \times \frac{4}{51} \times \frac{3}{50} \times \frac{25}{1} \times \frac{24}{2}.$$

Pour B, cette probabilité est dans le 1er cas,

$$\frac{16}{52} \times \frac{3}{51} \times \frac{2}{50} \times \frac{26}{1} \times \frac{25}{1};$$

dans le 2e cas, $\quad \frac{36}{52} \times \frac{4}{51} \times \frac{3}{50} \times \frac{26}{1} \times \frac{25}{2}.$

La probabilité de 3 cartes marquantes serait pour A, dans le 1er cas,

$$\frac{16}{52} \times \frac{3}{51} \times \frac{2}{50} \times \frac{1}{49} \times \frac{25}{1} \times \frac{24}{2} \times \frac{23}{3} \cdot 1;$$

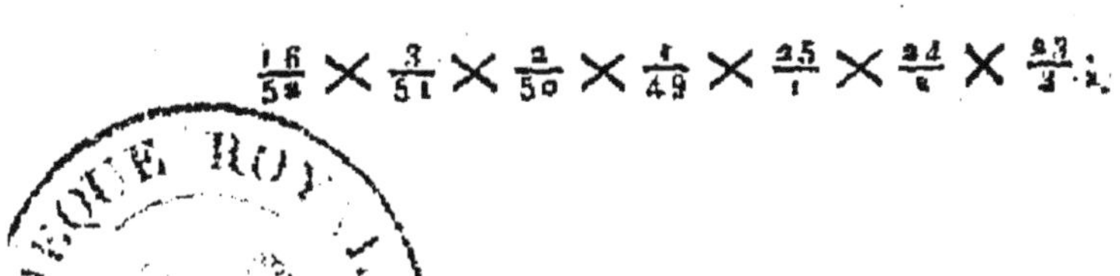

dans le 2ᵉ cas, $\quad \frac{36}{52} \times \frac{4}{51} \times \frac{3}{50} \times \frac{2}{49} \times \frac{25}{1} \times \frac{24}{1} \times \frac{23}{1}.$

Pour B, dans le 1ᵉʳ cas, serait

$$\frac{16}{52} \times \frac{3}{51} \times \frac{2}{50} \times \frac{1}{49} \times \frac{26}{1} \times \frac{25}{2} \times \frac{24}{3};$$

dans le 2ᵉ cas,

$$\frac{36}{52} \times \frac{4}{51} \times \frac{3}{50} \times \frac{2}{49} \times \frac{26}{1} \times \frac{25}{2} \times \frac{24}{3}.$$

La probabilité de 4 cartes marquantes par la distribution des cartes serait pour A

$$\frac{36}{52} \times \frac{4}{51} \times \frac{3}{50} \times \frac{2}{49} \times \frac{1}{48} \times \frac{25}{1} \times \frac{24}{2} \times \frac{23}{3} \times \frac{2}{4};$$

pour B,

$$\frac{34}{52} \times \frac{4}{51} \times \frac{3}{50} \times \frac{2}{49} \times \frac{1}{46} \times \frac{26}{1} \times \frac{25}{2} \times \frac{24}{3} \times \frac{23}{4}.$$

Corollaire 4.

La 26ᵉ carte de A est la retourne, la probabilité que cette carte est un honneur a pour expression $\frac{16}{52}$.

La probabilité que la 26ᵉ carte de B sera un honneur est seulement $\frac{4}{52}$.

A a donc pour les honneurs plus de chances que B. Ainsi, dans le partage des honneurs, pour un lot désavantageux, comme celui de n'avoir point d'honneurs ou de n'en avoir que 1, A doit avoir moins de chances que B. Pour un lot avantageux, comme d'avoir 3 honneurs ou 4 honneurs, A doit avoir plus de chances que B. C'est ce résultat qu'on obtiendra dans les deux problèmes suivans.

PROBLÈME Iᵉʳ.

Déterminer pour A, la probabilité de n'avoir dans son jeu que 1 honneur, d'avoir dans son jeu 2 honneurs, 3 honneurs, les 4 honneurs, de n'en avoir point dans son jeu.

1ʳᵉ éventualité : N'avoir dans son jeu que 1 seul honneur.

La retourne étant 1 honneur, les 26 cartes du jeu de A se composeront de cette retourne et de 25 cartes non marquantes. Par le théor. 1er, 2e p., et le cor. 1er, cette composition du jeu a pour expression de sa probabilité

$$\frac{16}{52} \times \frac{48}{51} \times \frac{47}{50} \times \frac{46}{49} \dots \times \frac{24}{27};$$

ou, réduction faite,

$$\frac{16}{52} \times \frac{26}{51} \times \frac{25}{50} \times \frac{24}{49} = \frac{32}{833}.$$

La retourne étant une carte non marquante, le jeu se composera de cette retourne, de 1 honneur venu par la distribution des cartes, et de 24 cartes non marquantes. Par le théor. 1er, les coroll. 1, 2 et 3, cette composition de jeu a pour expression de sa probabilité

$$\frac{36}{52} \times \frac{4}{51} \times 25 \times \frac{47}{50} \dots\dots \frac{24}{27};$$

ou, après réduction,

$$\frac{36}{52} \times \frac{4}{51} \times 25 \times \frac{26}{50} \times \frac{25}{49} \times \frac{24}{48} = \frac{150}{833}.$$

La probabilité pour A de n'avoir dans son jeu que 1 honneur, est la somme de ces deux probabilités ou $\frac{182}{833}$.

2e éventualité : Avoir dans son jeu 2 honneurs.

La retourne étant 1 honneur, les 26 cartes du jeu de A se composeront de cette retourne, de 1 honneur venu par la distribution des cartes, et de 24 cartes non marquantes. Par le théor. 1er, les coroll. 1, 2 et 3,

cette composition de jeu a pour expression de sa probabilité

$$\frac{16}{52} \times \frac{3}{51} \times 25 \times \frac{48}{50} \ldots\ldots \frac{25}{27};$$

ou, après réduction,

$$\frac{16}{52} \times \frac{3}{51} \times 25 \times \frac{26}{50} \times \frac{25}{49} = \frac{100}{833}.$$

La retourne étant une carte non marquante, le jeu
se composera de la retourne, de 2 honneurs venus
par la distribution des cartes, et de 23 cartes non
marquantes. Or, la probabilité de cette composition
de jeu est

$$\frac{36}{52} \times \frac{4}{51} \times \frac{3}{50} \times \frac{25}{1} \times \frac{24}{2} \times \frac{47}{49} \ldots\ldots \frac{25}{27};$$

ou, après réduction,

$$\frac{36}{52} \times \frac{4}{51} \times \frac{3}{50} \times \frac{25}{1} \times \frac{24}{2} \times \frac{26}{49} \times \frac{25}{48} = \frac{225}{833},$$

La probabilité pour A d'avoir dans son jeu 2 honneurs est la somme de ces deux probabilités ou $\frac{325}{833}$.

3ᵉ éventualité : Avoir dans son jeu 3 honneurs.

La retourne étant 1 honneur, le jeu de A se composera de la retourne, de 2 autres honneurs venus
par la distribution des cartes, et de 23 cartes non
marquantes. La probabilité de cette composition de
jeu est

$$\frac{16}{52} \times \frac{3}{51} \times \frac{2}{50} \times \frac{25}{1} \times \frac{24}{2} \times \frac{48}{49} \ldots\ldots \frac{26}{27};$$

ou, après réduction ,

$$\frac{16}{52} \times \frac{3}{51} \times \frac{2}{50} \times \frac{25}{1} \times \frac{24}{2} \times \frac{26}{49} = \frac{96}{833}.$$

La retourne étant une carte non marquante, le jeu se composera de la retourne, de 3 honneurs venus par la distribution des cartes, et de 22 cartes non marquantes. Or, la probabilité de cette composition de jeu est

$$\frac{36}{52} \times \frac{4}{51} \times \frac{3}{50} \times \frac{2}{49} \times \frac{25}{1} \times \frac{24}{2} \times \frac{23}{3} \times \frac{47}{48} \ldots \frac{26}{27} ;$$

ou, après réduction,

$$\frac{36}{52} \times \frac{4}{51} \times \frac{3}{50} \times \frac{2}{49} \times \frac{25}{1} \times \frac{24}{2} \times \frac{23}{3} \times \frac{26}{48} = \frac{138}{833}.$$

La probabilité pour A d'avoir dans son jeu 3 honneurs est la somme de ces deux probabilités, ou $\frac{234}{833}$.

4ᵉ éventualité : Les 4 honneurs dans son jeu.

La retourne étant 1 honneur, le jeu de A se composera de cette retourne, de 3 autres honneurs venus dans son jeu par la distribution des cartes, et de 22 cartes non marquantes. La probabilité de cette composition de jeu est

$$\frac{16}{52} \times \frac{3}{51} \times \frac{2}{50} \times \frac{1}{49} \times \frac{25}{1} \times \frac{24}{2} \times \frac{23}{3} \times \frac{48}{48} \ldots \frac{27}{27} ;$$

ou, après réduction,

$$\frac{16}{52} \times \frac{25}{51} \times \frac{24}{50} \times \frac{23}{49} = \frac{368}{13.833}.$$

La retourne étant une carte non marquante, le jeu se composera de la retourne, de 4 honneurs venus par la distribution des cartes, et de 21 cartes non marquantes. La probabilité de cette composition de jeu est

$$\frac{36}{52}\times\frac{4}{51}\times\frac{3}{50}\times\frac{2}{49}\times\frac{1}{48}\times\frac{25}{1}\times\frac{24}{2}\times\frac{23}{3}\times\frac{22}{4}:\frac{47}{47}\ldots\frac{27}{27};$$

et, après réduction,

$$\frac{36}{52}\times\frac{25}{51}\times\frac{24}{50}\times\frac{23}{49}\times\frac{22}{48}=\frac{759}{13\,.\,833}.$$

La probabilité pour A d'avoir 4 honneurs est la somme de ces deux probabilités, ou $\dfrac{1127}{13\,.\,833}.$

5e éventualité : De n'avoir point d'honneurs dans son jeu.

La retourne sera une carte non marquante, et les autres 25 cartes du jeu seront des cartes non marquantes ; ce qui a pour expression de sa probabilité

$$\frac{36}{52}\times\frac{47}{51}\ldots\ldots\frac{23}{27};$$

ou, après réduction,

$$\frac{36}{52}\times\frac{26}{51}\times\frac{25}{50}\times\frac{24}{49}\times\frac{23}{48}=\frac{69}{2\,.\,833}.$$

PROBLÈME II.

Déterminer les probabilités des mêmes cinq éventualités pour B.

1re éventualité : De n'avoir dans son jeu que 1 honneur.

1 honneur retournant, les 26 cartes du jeu de B se composeront de l'un des 3 honneurs restant après la retourne, et de 25 cartes non marquantes ; ce qui a pour expression de sa probabilité

$$\frac{16}{52} \times \frac{3}{51} \times 26 \times \frac{48}{50} \cdots \cdots \frac{24}{26};$$

ou, après réduction,

$$\frac{16}{52} \times \frac{3}{51} \times 26 \times \frac{25}{50} \times \frac{24}{49} = \frac{96}{833}.$$

La retourne étant une carte non marquante, le jeu se composera de l'un des 4 honneurs, et de 25 des 47 cartes non marquantes restant après la retourne ; ce qui a pour expression de sa probabilité

$$\frac{36}{52} \times \frac{4}{51} \times 26 \times \frac{47}{50} \cdots \cdots \frac{23}{26};$$

ou, après réduction,

$$\frac{36}{52} \times \frac{4}{51} \times 26 \times \frac{25}{50} \times \frac{24}{49} \times \frac{23}{48} = \frac{138}{833}.$$

La probabilité pour B de n'avoir dans son jeu que 1 honneur est la somme de ces deux probabilités, $\frac{234}{833}$.

2e éventualité : 2 honneurs dans le jeu.

La retourne étant 1 honneur, le jeu de B se composera de deux des 3 honneurs restant après la retourne, et de 24 cartes non marquantes ; ce qui a pour expression de sa probabilité

$$\frac{16}{52} \times \frac{3}{51} \times \frac{2}{50} \times \frac{26}{1} \times \frac{25}{2} \times \frac{48}{49} \cdots \cdots \frac{25}{26};$$

ou, après réduction,

$$\frac{16}{52} \times \frac{3}{51} \times \frac{25}{50} \times 26 \times \frac{25}{49} = \frac{100}{833}.$$

La retourne étant une carte non marquante, B aura dans son jeu 2 des 4 honneurs, et 24 cartes non marquantes; ce qui a pour expression de sa probabilité

$$\frac{36}{52} \times \frac{4}{51} \times \frac{3}{50} \times \frac{26}{1} \times \frac{25}{2} \times \frac{47}{49} \ldots\ldots \frac{24}{26};$$

ou, après réduction,

$$\frac{36}{52} \times \frac{4}{51} \times \frac{3}{50} \times \frac{26}{1} \times \frac{25}{2} \times \frac{25}{49} \times \frac{24}{48} = \frac{225}{833}.$$

La probabilité pour B d'avoir dans son jeu 2 honneurs est la somme de ces deux probabilités, $\frac{325}{833}$.

3e éventualité : 3 honneurs dans le jeu.

La retourne étant 1 honneur, B aura dans son jeu les 3 autres honneurs et 23 cartes non marquantes. Probabilité

$$\frac{16}{52} \times \frac{3}{51} \times \frac{2}{50} \times \frac{1}{50} \times \frac{26}{1} \times \frac{25}{2} \times \frac{24}{3} \times \frac{48}{48} \ldots \frac{26}{26};$$

ou, après réduction,

$$\frac{16}{52} \times \frac{26}{51} \times \frac{25}{50} \times \frac{24}{49} = \frac{32}{833}.$$

La retourne étant une carte non marquante, B aura

dans son jeu 3 des 4 honneurs et 23 cartes non marquantes. Probabilité

$$\frac{36}{52} \times \frac{4}{51} \times \frac{3}{50} \times \frac{2}{49} \times \frac{26}{1} \times \frac{25}{2} \times \frac{24}{3} \times \frac{47}{48} \dots \dots \frac{25}{26} ;$$

ou, après réduction,

$$\frac{36}{52} \cdot \frac{4}{51} \cdot \frac{26}{50} \cdot \frac{25}{49} \cdot \frac{24}{48} \cdot \frac{25}{1} = \frac{150}{833}.$$

La probabilité pour B d'avoir dans son jeu 3 honneurs est la somme de ces deux probabilités, $\frac{182}{833}$.

4e éventualité : les 4 honneurs dans le jeu.

La retourne sera nécessairement une carte non marquante ; B aura dans son jeu les 4 honneurs et 22 cartes non marquantes. Probabilité

$$\frac{36}{52} \cdot \frac{4}{51} \cdot \frac{3}{50} \cdot \frac{2}{49} \cdot \frac{1}{48} \cdot \frac{26}{1} \cdot \frac{25}{2} \cdot \frac{24}{3} \cdot \frac{23}{4} \cdot \frac{47}{47} \cdots \frac{26}{26} ;$$

après réduction

$$\frac{36}{52} \cdot \frac{26}{51} \cdot \frac{25}{50} \cdot \frac{24}{49} \cdot \frac{23}{48} = \frac{69}{2 \cdot 833}.$$

5e éventualité : N'avoir point d'honneurs.

B aura dans son jeu 26 cartes non marquantes. La retourne étant 1 honneur, la probabilité serait

$$\frac{16}{52} \times \frac{48}{51} \dots \dots \frac{23}{26} ;$$

et, après réduction,

$$\frac{16}{52} \cdot \frac{25}{51} \cdot \frac{24}{50} \cdot \frac{23}{49} = \frac{368}{833 \times 13}.$$

La retourne étant une carte non marquante, la probabilité serait

$$\frac{36}{52} \times \frac{47}{51} \cdots\cdots \frac{22}{26};$$

et, après réduction,

$$\frac{36}{52} \cdot \frac{25}{51} \cdot \frac{24}{50} \cdot \frac{23}{49} \cdot \frac{22}{48} = \frac{759}{833 \times 13}.$$

La probabilité pour B de n'avoir point d'honneurs dans son jeu est la somme de ces deux probabilités,

$$\frac{1127}{13 \times 833}.$$

COROLLAIRE 5.

On a obtenu dans la solution de ces deux problèmes les résultats prévus au corollaire 4.

Le nombre des chances de l'éventualité de n'avoir dans son jeu que 1 seul honneur est pour A 182, pour B 234.

Le nombre des chances de l'éventualité de n'avoir point d'honneurs dans son jeu, est pour A $\frac{69}{2 \times 833}$, pour B $\frac{1127}{13 \times 833}$, ou pour A 897, pour B 2254.

Au contraire le nombre des chances de l'éventualité d'avoir dans son jeu 3 honneurs est pour A 234, pour B 182.

Le nombre des chances de l'éventualité d'avoir dans son jeu 4 honneurs est pour A $\dfrac{1127}{13 \times 833}$, pour B $\dfrac{69}{2 \times 833}$, ou pour A 2254, pour B 897.

COROLLAIRE 6.

Dans le partage des honneurs, la part de B est une conséquence nécessaire de la part qui est attribuée à A.

A ayant dans son jeu 2 honneurs, B aura nécessairement dans le sien 2 honneurs ; aussi a-t-on trouvé que $\dfrac{325}{833}$ est pour A comme pour B la probabilité d'avoir 2 honneurs dans leur jeu.

$\dfrac{234}{833}$ est pour A la probabilité d'avoir dans son jeu 3 honneurs, et pour B la probabilité de n'avoir dans le sien que 1 honneur.

$\dfrac{182}{833}$ est pour A la probabilité de n'avoir que 1 honneur, et pour B celle d'en avoir 3.

$\dfrac{1127}{13 \times 833}$ est pour A la probabilité d'avoir 4 honneurs, et pour B celle de n'en point avoir.

$\dfrac{69}{2 \times 833}$ est pour A la probabilité de n'avoir point d'honneurs, et pour B celle d'en avoir 4.

PROBLÈME III.

Déterminer les probabilités pour les trics.

Nous supposerons que par leur position de donner et

de couper, A et B n'ont l'un sur l'autre aucun avantage pour les trics.

Dans cette supposition la probabilité de faire dans un coup un ou plusieurs trics est $\frac{1}{2}$ pour l'un comme pour l'autre.

Dans un coup, de part ou d'autre il se fait 13 mains. Si nous élevons le binome $(a + b)$ à la 13eme puissance, toutes les combinaisons de 2 lettres seront représentées par les termes de cette puissance

$$a^{13} + 13a^{12}b + 78a^{11}b^2 + 286a^{10}b^3 + 715a^9b^4 + 1287a^8b^5 \ldots$$
$$+ 1716a^7b^6 + 1716a^6b^7 + 1287a^5b^8 + 715a^4b^9 \ldots$$
$$+ 286a^3b^{10} + 78a^2b^{11} + 13ab^{12} + b^{13}.$$

Le nombre de toutes les permutations a pour expression $2^{13} = 8192$. La probabilité, soit pour A, soit pour B, de faire un seul tric, a pour expression $\frac{1716}{8192}$, de faire plusieurs trics a pour expression $\frac{2380}{8192}$.

COROLLAIRE 7.

Les probabilités que l'on vient de déterminer sont celles que l'on a au moment où l'on commence à distribuer les cartes ; mais, après que les cartes ont été distribuées, ces probabilités se réduisent à celles qui résultent en particulier de la manière dont les honneurs se trouvent avoir été partagés par la distribution des cartes.

Si B se trouve avoir 4 honneurs dans les cartes qui lui ont été distribuées, A, pour faire un ou plusieurs trics, n'a plus les chances que lui donneraient toutes les compositions de jeu dans lesquelles il entre quelque honneur ; il n'a donc plus que celles dans lesquelles il n'entre point d'honneurs. Or, les chances de B pour avoir 4 honneurs, comme celles de A pour n'avoir point d'honneurs, sont (cor. 6) 69 sur 1666; c'est-à-dire que le nombre des compositions de jeu auxquelles s'attache cette condition, que A n'ait point d'honneurs dans son jeu, est au nombre de toutes les compositions de jeu possibles, dans le rapport de 69 à 1666. Dans ce cas particulier, la probabilité pour A de faire un ou plusieurs trics est $\dfrac{69}{1666} \times \dfrac{1}{2}$.

La probabilité de faire plusieurs trics sera
$$\dfrac{69}{1666} \times \dfrac{2380}{8192}.$$

La probabilité de faire un seul tric sera
$$\dfrac{69}{1666} \times \dfrac{1716}{8192}.$$

Si B se trouve avoir 3 honneurs dans les cartes qui lui ont été distribuées, A pour les trics n'a plus que les compositions de jeu dans lesquelles il n'entre que 1 honneur. Or, les chances de B pour avoir 3 honneurs sont (prob. 2) 182 sur 833. Dans ce cas particulier, la probabilité pour A de faire un ou plusieurs trics a pour expression $\dfrac{182}{833} \times \dfrac{1}{2}$.

La probabilité de faire plusieurs trics sera
$$\dfrac{182}{1666} \times \dfrac{2380}{8192}.$$

La probabilité de faire un seul tric sera
$$\dfrac{182}{833} \times \dfrac{1716}{8192}.$$

Si par la distribution des cartes les honneurs se

trouvent égaux pour A comme pour B, la probabilité de faire 1 ou plusieurs trics sera $\dfrac{325}{833} \times \dfrac{1}{2}$.

La probabilité de faire plusieurs trics sera......
$\dfrac{325}{833} \times \dfrac{2380}{8192}$.

La probabilité de faire un seul tric sera........
$\dfrac{325}{833} \times \dfrac{1716}{8192}$.

Si A se trouve avoir 4 honneurs dans les cartes qui lui ont distribuées, B n'a plus pour les trics que les compositions de jeu dans lesquelles il n'entre point d'honneurs. Or, (prob. 1er) les chances de A pour avoir 4 honneurs étant 1127 sur 10829, la probabilité pour B de faire 1 ou plusieurs trics sera alors...
$\dfrac{1127}{10829} \times \dfrac{1}{2}$;

De faire plusieurs trics sera $\dfrac{1127}{10829} \times \dfrac{2380}{8192}$;

De faire un seul tric sera $\dfrac{1127}{10829} \times \dfrac{1716}{8192}$.

Si A dans son jeu a 3 honneurs, B n'a plus pour les trics que les compositions de jeu dans lesquelles il n'entre que 1 honneur. Or, (prob. 1er) les chances de A pour avoir 3 honneurs étant 234 sur 833, la probabilité pour B de faire 1 ou plusieurs trics sera $\dfrac{234}{833} \times \dfrac{1}{2}$;

De faire plusieurs trics sera $\dfrac{234}{833} \times \dfrac{2380}{8192}$;

De faire 1 seul tric sera $\dfrac{234}{833} \times \dfrac{1786}{8192}$.

PROBLÈME IV.

Dans la position de la partie où A *est à* 8, *et où* B *est à* 9, *déterminer pour* A *et pour* B *la probabilité du gain de la partie.*

On a vu (prob. 1er) que la probabilité pour A d'avoir 3 honneurs dans son jeu était $\frac{234}{833}$, que la probabilité d'avoir 4 honneurs était $\frac{1127}{13 \times 833}$. Ainsi, pour A, la probabilité de gagner la partie par les honneurs sans jouer le coup est $\frac{4169}{10829} = 0,385$.

La probabilité que A ne gagnera pas la partie par les honneurs et sans jouer le coup, est $\frac{6660}{10829}$.

Sans gagner la partie par les honneurs, A peut la gagner en faisant plusieurs trics le coup qui va se jouer, ou en faisant ce coup-là 1 seul tric et le coup suivant 1 ou plusieurs trics.

Dès que A ne compte pas les honneurs, B aura dans son jeu ou 4, ou 3, ou 2 honneurs. La probabilité de cette éventualité est (cor. 7)

$$\frac{69}{1666} + \frac{182}{833} + \frac{325}{833} = \frac{1001}{1666} ;$$

c'est-à-dire que le nombre des compositions de jeu dans lesquelles B aura ou 4, ou 3, ou 2 honneurs, est au nombre total de toutes les compositions de jeu possibles, dans le rapport de 1001 à 1666. Pour A la probabilité de ne pas compter les honneurs est $\frac{6660}{10829}$; la probabilité de faire plusieurs trics est (prob. 3)

$\dfrac{2380}{8192}$; la probabilité du concours de ces 3 éventualités est

$$\frac{6660}{10829} \times \frac{1001}{1666} \times \frac{2380}{8192} = 0,107.$$

La probabilité du concours de ces 4 éventualités, que A ne compte pas les honneurs, que B ait dans son jeu ou 4, ou 3, ou 2 honneurs, que A fasse un seul tric le coup qui se joue, que le coup suivant il fasse 1 ou plusieurs trics, a pour expression

$$\frac{6660}{10829} \times \frac{1001}{1666} \times \frac{1716}{8196} \times \frac{1}{2} = 0,043.$$

Or, la probabilité pour A de gagner la partie est la somme des 3 probabilités que l'on vient de déterminer, elle a par conséquent pour expression

$$0,385 + 0,107 + 0,043 = 0,535.$$

A, pour gagner la partie, a des chances que B ne partage pas.

B ne peut gagner la partie qu'autant que A ne l'a pas gagnée sans jouer le coup en comptant les honneurs.

Alors B gagnera la partie, si le coup qui se jouera, il fait 1 ou plusieurs trics; ou si le coup qui s'est joué, A n'ayant fait qu'un seul tric, B fait le coup suivant 1 ou plusieurs trics.

Le 1ᵉʳ de ces 2 coups B combat pour les trics avec un jeu dans lequel il ne peut pas y avoir moins de 2 honneurs, avantage qu'il a sur A, dans le jeu duquel il peut n'y avoir point d'honneurs, ou au plus 2 honneurs.

Dans cette position, la probabilité pour A de faire

1 ou plusieurs trics ayant pour expression

$$\frac{1001}{1666} \times \frac{1}{2}.$$

par le théorème 4, corollaire, la probabilité pour B de faire 1 ou plusieurs trics aura pour expression

$$1 - \frac{1001}{1666} \times \frac{1}{2} = \frac{2331}{3332},$$

et la probabilité du concours de ces deux éventualités aura pour expression

$$\frac{6660}{10829} \times \frac{2331}{3332} = 0,430.$$

A n'ayant pas compté les honneurs et n'ayant fait que 1 seul tric le coup qui se joue, le coup suivant A et B seront tous les deux à 9, et auront une égale probabilité pour le gain de la partie. Nous venons de déterminer pour A cette probabilité, qui a pour expression 0,043; la probabilité pour B sera également 0,043.

Or, la probabilité pour B de gagner la partie est la somme des deux probabilités que l'on vient de déterminer, ou 0,430 + 0,043 = 473.

Donc dans la position de la partie où A est à 8, où B est à 9, les probabilités du gain de la partie pour A et pour B sont dans le rapport de 535 à 473.

COROLLAIRE.

Après que les cartes ont été distribuées, si A n'a point compté les honneurs, les probabilités du gain de la partie seront pour A et pour B dans le rapport de 150 à 473.

PROBLÈME V.

Dans la position de la partie où B *est à* 8 *, et où* A *est à* 9 *, déterminer pour* B *et pour* A *la probabilité du gain de la partie.*

Les mêmes éventualités qui dans le problème précédent ont donné le gain de la partie à A, le donneront ici à B, seulement, les probabilités de ces éventualités à l'égard de B, ne sont pas les mêmes qu'à l'égard de A.

Ainsi (prob. 2) pour B la probabilité d'avoir ou 4, ou 3 honneurs étant $\dfrac{69}{2 \times 833} + \dfrac{182}{833}$, la probabilité pour B de gagner la partie par les honneurs sans jouer le coup est $\dfrac{433}{1666} = 0{,}260$.

La probabilité que B ne gagnera pas la partie par les honneurs sans jouer le coup est $\dfrac{1233}{1666}$.

La probabilité pour A d'avoir dans son jeu 4, 3 ou 2 honneurs est (cor. 7) $\dfrac{1127}{10829} + \dfrac{234}{833} + \dfrac{325}{833}$ $= \dfrac{7394}{10829}$; et le nombre des compositions de jeu dans lesquelles A aura ou 4, ou 3, ou 2 honneurs, est au nombre total de toutes les compositions de jeu possibles, dans le rapport de 7394 à 10829.

La probabilité pour B de gagner la partie sans compter les honneurs, en faisant le coup qui se joue plusieurs trics, aura pour expression

$$\frac{1233}{1666} \times \frac{7394}{10829} \times \frac{2380}{8192} = 0{,}147.$$

La probabilité pour B de gagner la partie sans compter les honneurs, en faisant un tric le coup qui se joue et en faisant le coup suivant 1 ou plusieurs trics, aura pour expression

$$\frac{1233}{1666} \times \frac{7394}{10829} \times \frac{1716}{8192} \times \frac{1}{2} = 0,053.$$

La somme de ces trois probabilités, ou la probabilité pour B de gagner la partie, a pour expression 0,460.

Deux éventualités semblables à celles qui dans le problème précédent ont donné le gain de la partie à B, le donneront ici à A.

B n'ayant pas compté les honneurs, la probabilité pour lui de faire le coup qui se joue, 1 ou plusieurs trics est $\frac{7394}{10829} \times \frac{1}{2}$. La probabilité pour A de faire 1 ou plusieurs trics sera $1 - \frac{7394}{10829} \times \frac{1}{2} = \frac{14264}{21658}$, et le concours de ces deux éventualités, que B ne compte pas les honneurs et que A fasse 1 ou plusieurs trics, a pour expression

$$\frac{1233}{1666} \times \frac{14264}{21658} = 0,487.$$

La probabilité que B ne compte pas les honneurs, que le coup qui se joue il ne fasse qu'un seul tric, et que le coup suivant A fasse 1 ou plusieurs trics, aura pour expression 0,053, expression de la probabilité pour B que nous venons de déterminer dans le concours des mêmes éventualités.

Or, la probabilité pour A de gagner la partie dans la position donnée est la somme de ces deux probabilités, ou $0,487 + 0,053 = 0,540.$

Donc dans la position de la partie où B est à 8, et où A est à 9, les probabilités du gain de la partie pour B et pour A, sont dans le rapport de 46o à 54o.

COROLLAIRE.

Il résulte de la solution de ces deux derniers problèmes, que A, ou le côté qui donne, étant à 8, l'autre côté à 9, l'avantage pour le gain de la partie est du côté de A; qu'au contraire B, ou le côté qui coupe, étant à 8, et l'autre côté à 9, l'avantage pour le gain de la partie est encore du côté de A. Ainsi dans la position de 8 à 9, l'avantage est toujours du côté qui donne, soit qu'il soit à 8, soit qu'il soit à 9.

FIN.

www.ingramcontent.com/pod-product-compliance
Ingram Content Group UK Ltd.
Pitfield, Milton Keynes, MK11 3LW, UK
UKHW020115240726
13926UKWH00011B/1486